数理論理学

使い方と考え方:超準解析の入口まで

江田 勝哉 著

内田老鶴圃

本書の全部あるいは一部を断わりなく転載または複写(コピー)することは，著作権および出版権の侵害となる場合がありますのでご注意下さい．

序　文

　この本は当初，著者が早稲田大学で講義をする際，学生が聴講しながら勉強することができる教科書を想定して書き始めた．

　一方で著者は，多くの数学，数理科学研究者が数理論理学あるいは数学基礎論に関して「よくわからない」という状態であることを感じてきている．もちろん著者の講義を聴いた学生もよくわからないという状態であるのだが，一般に数学は難しいところのある学問だから，どの分野でもよくわからないということがあるのは，同じことである．しかし数理論理学あるいは数学基礎論に対するわからなさは，簡単なところさえ「わからない」という特徴がある．それは，小平邦彦先生が次のように書かれているわからなさだと思う．

　小平先生は「Feynman の物理学は個々にはよくわからないところがあっても，全体として頭にしみいるように入ってくる．それに比べ Shoenfield の数理論理学はいちいちもっともなこととわかるが全体として何がいいたいのかわからない」というようなことを書かれていた．

　読者がこのような「わからなさ」から脱却するためには，著者がていねいに書けばよいというようなことではなさそうである．そこで，ていねいに書いた部分もあるが，必ずしもそうではなく，この「わからなさ」からの脱却の手がかりとなったらよいという気持ちで書いた部分が多くある．

　そのため，想定する読者は，一方で数理論理学を初めて学ぶ数学科の 3，4 年生であると共に，数理論理学あるいは数学基礎論に興味をもつ数学の素養のある大学院生，数学あるいは数理科学の研究者などである．

　この本を書く上でいろいろな方にお世話になっているが，とくに草稿を読んで注意をいただいた上江洲忠弘氏，阿部吉弘氏，大学院生の中村順君，上條良介君に感謝いたします．

また問題を解いて論文を書くことばかりに熱をあげないで，一冊くらいは本を書けばよいのに，といってくれた家族の初子，大介，麻子に感謝したい．
　いわゆる教科書からほど遠い，この本の出版を引き受けてくださった内田老鶴圃内田学社長に感謝しています．

2010 年 3 月

著　者

目　　次

序　文 ……………………………………………………………………… i

はじめに …………………………………………………………………… 1
第 1 章　論理式 …………………………………………………………… 5
　　第 1 章　練習問題　20
第 2 章　論理式の解釈と構造 …………………………………………… 21
　　第 2 章　練習問題　37
第 3 章　定義可能集合 …………………………………………………… 39
　　第 3 章　練習問題　42
第 4 章　冠頭標準形と否定命題 ………………………………………… 43
第 5 章　証明と推論規則 ………………………………………………… 49
　　第 5 章　練習問題　65
第 6 章　完全性定理 ……………………………………………………… 67
　　第 6 章　練習問題　74
第 7 章　1 階述語論理の表現可能性の限界について ………………… 75
　　第 7 章　練習問題　86
第 8 章　初等部分構造について ………………………………………… 87
　　第 8 章　練習問題　94
第 9 章　簡単な超準解析の導入 ………………………………………… 97
第 10 章　数理論理学と数学 …………………………………………… 103
第 11 章　超準解析の応用 ……………………………………………… 113
　　11.1　Asymptotic Cone について　115
　　11.2　超離散について　132
　　11.3　トロピカル代数幾何について　141

　　　　　　　　　　　　　目　次

　　この章の参考文献　　144

おわりに ………………………………………………………**147**

問題解答 ………………………………………………………**153**

記　号　表 ………………………………………………………**157**
索　　　引 ………………………………………………………**158**

はじめに

　数理論理は数学，数理科学だけでなく自然科学，法律などを含め通常，論理的といわれているところに使われ，応用されている．数理論理を使うといろいろな事柄を明確に論理的に記述できる．また数多くのものを分類したりそれを検索する際有効に使われる．もともと人間の思考の中には論理的な部分があるのだから，その論理的なものを数理化したものが応用できるのは当然なこととしいえる．けれども使われ応用された結果を見ると，そのような原理的なものから予想されることをはるかに越えているように感じられることも多い．また著者は数学の研究をしている者であるが，「数学的構造の中には数理論理的なものがすり込まれている」ように感ずる．研究対象というものはいかなるものであれ，研究者のものの見方により規定される面があるのでこれも当然のこととも考えられるが，それが無意識になされていることを考慮するともう少し根の深いもの，あるいは解明を要するもののように思う．

　数理論理自体を研究対象とする数学の分野は数学基礎論のなかにあって，証明論とモデル理論がある．このうち証明論は日本では伝統のある分野であるが，そのためか数理論理についての本は証明論的基盤に立ったものが多く，そしてその中に名著は多い．確かに証明されたことは正しいということは数理論理の重要性のうち大きなものであるのでそれも当然のこととしいえる．しかし上記のような立場に立てば証明というより記述という面に重きを置いた数理論理の本があることも大変重要なことである．一方，記述という面に重きを置いた分野，モデル理論は近年とみに数学的深さを増しており，その入門はほんの入口

を除いて簡単ではない．この本は証明よりも記述に重きを置きながら数理的に深いところにはさわらずに数学への応用も考慮するという趣旨をもって書かれた，数学，数理科学を学び研究する人のための数理論理，多少正確にいえば第1階述語論理の入門書である．数理論理が関係する分野は現在広がってきているが，モデル理論，集合論また不完全性定理の周辺などは，数学の他分野の研究者あるいは計算機科学の研究者にあまりよく理解されていない分野である．大きな理由は，研究対象のなかに記述言語自身が含まれていたり，あるいは分析の際に記述言語に関する数学的結果を利用されるところであろうと思う．そのため本を読んで理解することが極めて難しいところがある．この本を読めばわかるようになるというわけでもないが，この本を読むなかで，このような状態を受け入れることのできる考え方がどのようなものかがわかるように配慮したつもりである．

各章の構成は次のようである．

- 第1章「論理式」は，論理式の定義と使い方の簡単な説明である．ただこの本では，論理式が文字の有限列であることをはっきり意識するという目的のため文字の置き換えという概念を前面に使って定義している．
- 第2章「論理式の解釈と構造」では，記述する対象である構造の定義とそこでの論理式の解釈の定義をする．また，かなり多くの構造の例をあげている．
- 第3章「定義可能集合」では，第2章で定義した構造および解釈について，第2章での例のうち数学において現れる基本的な構造に即して，定義可能集合について説明する．
- 第4章「冠頭標準形と否定命題」では，論理式を論理的に同等な別の論理式に変換する標準的なやり方について説明する．
- 第5章「証明と推論規則」では，推論規則と証明の定義をする．ここで採用している推論体系は G. Gentzen による LK と呼ばれている体系である．
- 第6章「完全性定理」では，1階述語論理に関する Gödel の完全性定理

の証明をする．
- 第7章「1階述語論理の表現可能性の限界について」では，論理式で表すことのできる事柄に対する限界に関することを述べる．そのため，超積を定義する．
- 第8章「初等部分構造について」では，モデル理論で重要であり，集合論でも頻繁に応用される重要な概念である初等部分構造に関して述べる．
- 第9章「簡単な超準解析の導入」では，第7章と8章の応用として超準解析の考え方を紹介する．
- 第10章「数理論理学と数学」では，数理論理学と数学の関係について述べる．数学基礎論という学問が数学を基礎づけるという目的で進むなかで，数理論理学とその応用分野でもある集合論が数学的に厚みのあるものとなり，それが数学に応用されるようになってきた．このような関係について大雑把な説明をする．
- 第11章「超準解析の応用」では，最近の話題に超準解析の概念が使われているので，そこから話題を拾って述べた．第9章の続きでもあるし，第10章の実例でもある．

第1章
論理式

　数理論理を使ってものごとを述べようとするとき，我々は極端に抽象化してものを扱うこととなる．通常，我々はものごとに色付けをしたり好き嫌いを入れたりして扱っている．その結果必ずしも論理的ではなくなり，それが普段の生活を円滑・円満にしているという面もある．それに比べ，数理論理を使って述べられる事柄は味もそっけもなく無味乾燥のものであり，それが故に厳格で正確なものとなる．味もそっけもあきらめたところでさらにあきらめなければならないことがある．それは数理論理を使って書いた文を快く読むことである．

　数理論理の記号で書かれたものは，たいていの人が読みたくない代物なのである．ものごとを論理式を使って表すわけだが，この論理式というのはほんのひとにぎりの論理記号，変数記号，述語記号などをずらずら並べたものであって，自分がコンピューターになったと思い込んだとしてもなかなか読み切れるものではない．まあコンピューターのみがそれに我慢できるものであるといったようなものなのである．安心していただきたいことに，コンピューターでないと我慢できないほど長い論理式はこの本では決して現れないし，著者自身書いたことがない．

　さて，この章ではその論理式というものの説明をし，定義をすることにしよう．ここでは論理式はずいぶんていねいに事細かに定義している．通常あいまいにしていたところを正確にすることのためということもあるが，ていねいに定義することを通して，論理式という対象が意味とは離れてただの記号列であるという側面をもっているということを明確に意識するためということもある．

まず，どういう記号を使うかということを指定する．ここで記号を使い導入する数理言語というのは，もっぱら形象的要素のみを考慮し音声として読まれることを考慮していない．また日本語や英語で平仮名や ABC を指定することとは少し異なる．平仮名や ABC は原理的には一文字だけで何かを意味しているというものではない．日常言語では非常に沢山ではあるが決まったいくつかの文字の列が概念を構成し，基礎概念を組み合わせていろいろなことを述べている．数理言語における記号は主にその形成された基礎概念に対応して導入される．その意味で象形文字に似て，表意文字であるがあまり日常言語との類比をするのは誤解の原因となる．

定義 1. $\neg, \vee, \wedge, \rightarrow, \exists, \forall$ は論理記号である．また束縛変数記号，自由変数記号をそれぞれ x_n, a_n $(n = 0, 1, 2, \cdots)$ とする．

純粋に論理に関する記号はこれだけである．$\neg$ は'でない'，$\wedge$ は'かつ'，$\vee$ は'または'，$\rightarrow$ は'ならば'，を意味する記号である．また，$\exists$ は'存在する'，$\forall$ は'すべての'，といった言葉に対応する記号である．$\exists$ と $\forall$ は量化子と呼ばれる．束縛変数記号と自由変数記号の 2 種類の変数記号を用意する理由は，$\exists$ あるいは $\forall$ を伴って使われる変数記号と，そうでない変数記号を，形式的にも異なるようにするためである．自由変数記号は，ある対象についての性質を述べるときの，対象に対応するものであり，束縛変数記号は性質を述べる際，補助的に使う変数記号である．積分に関する記号の使い方に例えると

$$\int_0^a f(x)dx$$

において，a は自由変数であり，x は束縛変数である．a に実数を代入した場合は意味をもつが，x に代入することはできない．自由変数記号は代入する場所に使い，代入できないところに束縛変数記号を使うと思えばよい．束縛変数記号，自由変数記号については後に論理式においてその使い方を見ることで詳しい説明に代えよう．

思い入れとか雰囲気を排除するといいながら，意味だの何だのいっているではないかといわれるかもしれない．この一見矛盾する記述の意味することを説

明するため，ここで数理論理に関して重要な認識にふれておきたい．それは自分が今どの立場に立っているかという認識である．通常我々は，いわば一枚板であるこの世界でいろいろなことをしているつもりでいるが，それをこの世界の外部に立ってながめることを想像することができる．世界の外部に立ちこの世界をながめている場合を想像しよう．このような立場に立ったときのこの世界の眺めはこの世界の中から見る眺めとは異なるものである．たしかにそう違いがあるわけではないけれども，何か違った感じがするだろうといったことが想像される．それは普通，立場の違いといった言葉で表現されることであるが，この立場の違いを明確に区別しておくのが数理論理における基本姿勢である．この区別が数理論理の理解の助けとなる．

　少し脱線するが，一枚板の世界で自分の失敗，不名誉を受け入れそれを笑うことはなかなか難しい．けれども自分を対象化して受け取ることができれば，失敗した自分が全く今の自分と関係ないとは思わないが，それについて苦笑いくらいはできるようになる．自分を対象化したものは自分と関係ないわけではないがやはり違うものである．このように思うことは今後の理解の助けになる（間違って理解しても笑っていられるという意味だけではない）．記号の導入に関して，一方ではただある形状のものという側面から扱う立場に立ち，他方ではそれの内容，意味を中心に考えるという立場に立つ．この右足と左足を異なる二枚の板の上に置き，あっちにいったりこっちにきたりできることが数理論理を応用するための第一歩である．この一見捕らえ所のない相違は，ものを理解する立場の違いから生ずるものであり，この立場の違いは数理論理を理解するにつれて明確になるといったものである．上に記した '一見矛盾する記述' についていえば，記号をただ形象として認識する立場と，その解釈した内容を論ずる立場があり，そしてその両方の立場をながめる立場がある．これらの違いはどれが良いとか悪いとか，より良いとかいったものではないし，どれか1つでことが済むというものでもない．脱線からもどり，記号の説明の続きをしよう．

　記号もこれらのほか述語記号，関数記号，定数記号など必要に応じて導入する．必要に応じてというのははっきりしない表現である．そこで数理論理学では通常，上記の，純粋に論理に関した記号のほかの使用記号を定めることを，

言語を定めるといっている．数学の中から例をとると，集合論は定義1の記号以外には，$\in$ と $=$ という2つの記号のみをもっている．そこで集合論のなかの定理や定義は原理的にはそれらの記号だけの組み合わせによって記述される．自然数論は定義1の記号以外には，$=, 0, S, +, \times$ だけを使って記述される．そうはいっても集合論の本を開けばそんな記号だけで記述されてはいない．その定理，証明なども日常言語に近いように書かれており，数学基礎論の分野以外では，むしろ論理式など1つも現れない数学の本がほとんどであろう．数学の中にはいろいろなほかの理論があるが，それらは通常，数理論理を意識しないところで発展しているので論理式は決して現れない．このことについては少し誤解が起きる可能性が大きいので，第10章「数理論理学と数学」で述べることにしよう．

定義 2. （言語）

言語 L とは述語記号列，関数記号列，定数記号列の組

$$(P_i : i \in I), \quad (f_j : j \in J), \quad (c_k : k \in K)$$

のことである．また P_i, f_j には各々自然数 n が対応している．このとき P_i, f_j をそれぞれ n-変数という．

ここで I, J, K は空集合でもよい．たとえば集合論の言語には関数記号，定数記号はなく，自然数論の言語の定数記号は 0 だけである．集合論の述語記号 $\in, =$ はともに2変数で，自然数論の述語記号 $=$，関数記号 $+, \times$ は2変数，関数記号 S（自然数の次の自然数を与える関数のための記号）は1変数である．

次に言語 L の項，論理式，代入の定義をしよう．一般に数理論理における多くの定義は次のような帰納法の形式をとる．

定義 3. （項）
(1) 自由変数記号 a_i と定数記号 c_k は項である．
(2) $t_1, \cdots, t_n$ が項で f_j が n-変数関数記号のとき $f_j t_1 \cdots t_n$ は項である．
(3) 上記の2つの操作によってできたもののみが項である．

項というのは自然数,実数,その他,その議論のなかでの対象に対応するものである.関数空間が対象であるときは関数記号は関数空間から関数空間への写像に対応する.言語 L の記号列もこの項の定義の形式で定義するのが厳密な論の進めかたであるが,ただですら妙に厳格なところで,そこまで厳密にすると読者がコンピューターにさせられた雰囲気となってしまうであろうし,記号列に関するプログラミングでもするのでない限りそこまで厳密にすることの意味がない.記号列の定義は厳格な読者にまかせることにし,厳密さを緩めたついでに,自由変数記号,束縛変数記号,述語記号,関数記号,定数記号なども適宜 a, x, P, f, c で記し,'n-変数述語記号 Q' という表現も使うことにしよう.また,'上記の操作によってできたもののみが $\cdots$ である' という一文を以下の定義において省略することにする.

次に代入を定義するが,代入というのは中学の数学のときに出てくる代入あるいは置き換えといった言葉で表現されるものである.我々の使う代入は記号列についての代入で,自由変数記号,束縛変数記号あるいは定数記号を項あるいは束縛変数記号で置き換えるものである.これが中学以来なじんでいる代入そのものであるともいえるし,それとは異なるともいえる.それは前に述べた立場の違いによるのであるが,これ以上説明はしない.今後,自由変数記号あるいは束縛変数記号は,単に自由変数あるいは束縛変数と呼ぶことにする.

定義 4. (置き換え)

記号列 u,相異なる自由変数,束縛変数あるいは定数記号 $b_1, \cdots, b_n$,項あるいは束縛変数 $t_1, \cdots, t_n$ に対して

$$u\begin{bmatrix} b_1 \cdots b_n \\ t_1 \cdots t_n \end{bmatrix}$$

は u に現れるすべての b_i を t_i で置き換えた記号列である.

例をあげておく.u が Pa_0a_1 で t_0 が fa_0a_1, t_1 が a_2 のとき,

$$u\begin{bmatrix} a_0 a_1 \\ t_0 t_1 \end{bmatrix} \text{ は } Pfa_0a_1a_2 \text{ で } u\begin{bmatrix} a_0 \\ t_0 \end{bmatrix}\begin{bmatrix} a_1 \\ t_1 \end{bmatrix} \text{ は } Pfa_0a_2a_2$$

である.記号列の置き換えを定義することは,それほど一般的ではないので,少し記法の説明をしよう.$\begin{bmatrix} a_0 \\ t_0 \end{bmatrix}$ は文字列ではないので $\begin{bmatrix} a_0 \\ t_0 \end{bmatrix}\begin{bmatrix} a_1 \\ t_1 \end{bmatrix}$ という対象はこ

こでは定義していない．たとえば $[^{a_0}_{a_1a_1}][^{a_1}_{t_1}]$ を $[^{a_0}_{t_1t_1}]$ と同じものとする拡大解釈も想像できるが，このようなことをすると結合の順番により異なる解釈が現れる可能性が生ずるので，それは定義されないものとする．また，文字列 u, v に対して $u[^{a_0}_{t_0}]v[^{a_1}_{t_1}]$ のような記法も 2 通りの解釈が可能である．そのため置き換えは，このような誤解の起きない簡単な場合のみ使用する．

定義 5.（論理式）

(1) P が n-変数述語記号，$t_1, \cdots, t_n$ が項のとき

$$Pt_1 \cdots t_n$$

は論理式である．

(2) A, B が論理式のとき

$$\neg A, \quad \wedge AB, \quad \vee AB, \quad \to AB$$

は論理式である．

(3) A が論理式で a は自由変数とし束縛変数 x が A の中に現れないとき

$$\forall x A[^a_x], \quad \exists x A[^a_x]$$

は論理式である．

(注意)

$$\forall x A[^a_x], \quad \exists x A[^a_x]$$

は各々，記号列

$$\forall x A, \quad \exists x A$$

に対して a を x で置き換えたものである．普通 $A[^a_x]$ に対して，$\forall x, \exists x$ をその前に付けるという形で説明するが，記号列として同じであるのでどちらでもよい．

普通 'A かつ B'，'A または B'，'A ならば B' というのに合わせ

$$\vee AB, \quad \wedge AB$$

は
$$A \vee B, \quad A \wedge B, \quad A \rightarrow B$$
と表す．初めからそれを正式のものとしない理由は
$$A \wedge B \vee C$$
のような記号列が正式の定義による
$$\wedge A \vee BC$$
であるか
$$\vee \wedge ABC$$
であるか，区別がつかないからである（ここで正式のものとしているのは普通ポーランド式と呼ばれているものである）．そのため今後はカッコ（ ）を使って
$$A \wedge (B \vee C), \quad (A \wedge B) \vee C$$
というように表すことにしよう．つまり

前者は　$\wedge A \vee BC$,　後者は　$\vee \wedge ABC$

の略である．あまりカッコが多いと読みにくいので，四則演算の場合のように論理記号の結合力の順序を次のようにつける．

1. $\neg, \exists, \forall$
2. $\vee, \wedge$
3. $\rightarrow$

たとえば
$$\exists xA \rightarrow \neg B \vee C \quad は \quad (\exists xA) \rightarrow ((\neg B) \vee C)$$
と同じであり，正式には

$$\rightarrow \exists x A \vee \neg BC$$

である．混乱をさけるため今後は随時カッコを用いる記述をし，正式の表示にこだわらない．ただしコンピューターに文字列を論理式として認識させることを想定すれば気づくことだが，正式の表示は論理式としての構成を順序よく合理的に表示しているということに注意しよう．

論理式の定義の 3 番目で A に x が現れないことを要請している．たとえば A が $\forall xP$ であると $\exists x \forall xP$ という記号列についてとくにそれを導入する意味のある解釈がない，また後に推論を定義するがそのときの都合もあって，初めからこのような記号列を論理式とは認めないように定義している．

論理式の定義が終わったところで論理式の使い方をしてみよう．P が 2 変数の述語記号のとき，自由変数 a, b に対して Pab は論理式となる．これを 'a が b の夫である' ということを表現することに使ってみよう．

$$Pab \wedge \neg Pac$$

というのは，'a が b の夫であり c の夫でない' ということの表現である．しかし自由変数 a, b, c が誰をさしているか決めないうちは，これが成立しているか不成立かはわからない．

次に M, W という 1 変数述語を，'男性である'，'女性である' ということの表現に使ってみよう．

$$Ma \vee Wa$$

は，a が男性か女性かの少なくともどちらかであるということを表現している．数理論理での 'または' は，この場合 'a が男性かつ a が女性である' ということを含めた意味で扱われる．'a が男性か a が女性かのどちらかである' ということから 'a が男性かつ a が女性である' ということを除きたいときは

$$(Ma \wedge \neg Wa) \vee (\neg Ma \wedge Wa)$$

とすることにより正確に表現される．

第1章 論理式

次に
$$Ma \to \neg Wa$$
という論理式について説明する．'a が男性であるならば a は女性ではない' ということを表現している．a が男性でないときはこの表現は何も意味しないというのが通常の感覚であるが，数理論理では前提が成立していないとき論理式全体としては成立しているものとする．このことはものごとを論理的に処理するときの基本的な受けとめ方であるが，慣れていない人にとってはこのように受けとめるにはかなりの障壁がある．論理式 $A \to B$ は A が偽のとき B の真偽に無関係に真であるという感覚の受けとめ方ができるようになれば，数理論理の初心者の段階を脱したといってよいだろう．

この本の中では古典論理と呼ばれている論理について扱っており，その範囲では後で示すように
$$A \to B$$
は
$$\neg A \vee B$$
の省略形とみなしてよい．さらに
$$A \wedge B \quad \text{は} \quad \neg(\neg A \vee \neg B)$$
の省略とみなしてよい．計算機関係の部門では古典論理以外のいくつかの論理が注目されており，とくに直観主義論理は伝統もあり計算機にうまく適合している面も見られる．直観主義論理では一般には $A \to B$ は $\neg A \vee B$ と同値ではないので $\to$ の扱いには注意を要する．このことは第5章「証明と推論規則」でもう一度ふれることにしよう．

今まで自由変数を使ってきたが，束縛変数を使った表現をしてみよう．
'すべての人は男性か女性である' というのは
$$\forall x(Mx \vee Wx)$$
と表現される．これが成立しているか不成立であるかは議論の余地があるし，男性とは？ 女性とは？ といくらでも問題が起こりそうであるが，数理論理と

いうのはそういうところに深入りしないのが特徴であるのだから先に進もう．b が a の妻であるということは，a が b の夫であるということと同じこととして Pab で表す．

'すべての男性はある人の夫である'
'すべての女性はある人の妻である'

というのはそれぞれ

$$\forall x(Mx \to \exists y Pxy)$$

$$\forall x(Wx \to \exists y Pyx)$$

と表される．これが両方成立していればしあわせか？というと，これもまた議論百出であろうからそれにはふれないことにして，論理式

$$\forall x(Mx \to \exists y Pxy)$$

はどのようにして論理式として定義されているかに注目しよう．まず

$$Pab$$

があり，

$$(Pab)[^b_y] \quad \text{つまり} \quad Pay$$

をへて

$$Ma \to \exists y Pay$$

ができ

$$\forall x((Ma \to \exists y Pay)[^a_x])$$

という構成によって

$$\forall x(Mx \to \exists y Pxy)$$

は論理式として定義できている（細かいことであるがこの論理式

第1章 論理式

$$\forall x(Mx \to \exists y Pxy)$$

の構成の仕方は自由変数 a, b の選び方について制限がないので，論理式に対して一意に決まってはいない）．

論理式

$$Ma \to \exists y Pay$$

は 'a が男性ならばある人の夫である' を表しているが，先ほど $\to$ について説明したように，a が男性でないときは通常の感覚では無意味である．しかし数理論理の中では

$$Ma \to \exists y Pay$$

全体として成立していると解釈される．次に，量化子 $\forall$ と $\exists$ の順番，正確にいえば束縛変数を伴った量化子の順番が意味の違いにつながることを説明する．2つの論理式

$$\forall x \exists y Pxy$$

$$\exists y \forall x Pxy$$

は論理式として異なってはいる．意味を考えてみると $\exists y \forall x Qxy$ が成立すれば $\forall x \exists y Qxy$ は成立する，しかし $\forall x \exists y Qxy$ が成立しても $\exists y \forall x Qxy$ が成立するとは限らない．このように $\forall$ と $\exists$ の順序の違いは意味をもっている．とくに，この場合の違いは数学における一様性と関係があるので，この違いを説明しよう．「一様」は英語ではユニフォームである．ユニフォームは制服である．述語記号 Q を使って Qxy で '人 x が y-型の服を着ている' ことを表すことにする．すると

$$\forall x \exists y Qxy$$

はすべての人がある型の服，つまり服を着ていることを意味する．一方，

$$\exists y \forall x Qxy$$

はある型の服をすべての人が着ていること，つまり制服を着ていることを意味する．数学に実際使われる場合として一様収束の場合をあげよう（普通使われている表記に近くするため多少厳格な書き方からはずれた書き方をする）．

各点収束は
$$\forall x \forall \varepsilon > 0 \exists m \forall n \geq m (|f_n(x) - f(x)| < \varepsilon)$$
であり，一様収束は
$$\forall \varepsilon > 0 \exists m \forall x \forall n \geq m (|f_n(x) - f(x)| < \varepsilon)$$
である．$\forall x$ と $\forall \varepsilon > 0$ の順序の交換は論理的に意味を変えないことに注意すれば，制服の例と同様 $\forall x$ と $\exists m$ の交換が一様性 (ユニフォーム) という概念を生んでいることがわかる．

今後，記号列 X が記号列 Y と同じものであることを
$$X \equiv Y$$
で表す．つまり $\equiv$ はそのものずばりであることをいっている．たとえば
$$1 + 1 \equiv 1 + 1$$
であるが
$$1 + 1 \equiv 2$$
は成立しない．次の当たり前のような命題を，定義の習得のためと証明の仕方を覚えるために証明しておこう．

定理 6. A が論理式のとき，相異なる自由変数 $a_1, \cdots, a_n$ と項 $t_1, \cdots, t_n$ に対して
$$A\begin{bmatrix} a_1 \cdots a_n \\ t_1 \cdots t_n \end{bmatrix}$$
はまた論理式である．

  (注意) $x_1, \cdots, x_n$ が束縛変数のとき $a_1, \cdots, a_n$ の 1 つでも A に現れれば
  $$A\begin{bmatrix} a_1 \cdots a_n \\ x_1 \cdots x_n \end{bmatrix}$$
  は論理式でない．束縛変数は $\exists, \forall$ の記号をともなっていないと論理式とはならないからである．

第 1 章 論理式

証明 まず項 t について
$$t{\begin{bmatrix}a_1\cdots a_n\\t_1\cdots t_n\end{bmatrix}}$$
が項であることを項の定義に沿った帰納法で示す.

(K1) t が自由変数 a であるとき.

$$a \equiv a_i \ (1 \leq i \leq n)$$

であれば

$$t{\begin{bmatrix}a_1\cdots a_n\\t_1\cdots t_n\end{bmatrix}} \equiv t_i$$

であり, 項である. また a が $a_i \ (1 \leq i \leq n)$ のどれとも異なれば

$$t{\begin{bmatrix}a_1\cdots a_n\\t_1\cdots t_n\end{bmatrix}} \equiv a$$

で, やはり項である. t が定数記号のときは自由変数のあとの場合と同じで代入により変化しないので

$$t{\begin{bmatrix}a_1\cdots a_n\\t_1\cdots t_n\end{bmatrix}}$$

は項である.

(K2) $t \equiv fs_1\cdots s_m$ であるとき. 帰納法の仮定によって

$$s_1{\begin{bmatrix}a_1\cdots a_n\\t_1\cdots t_n\end{bmatrix}},\cdots,s_m{\begin{bmatrix}a_1\cdots a_n\\t_1\cdots t_n\end{bmatrix}}$$

は項であるから,

$$fs_1{\begin{bmatrix}a_1\cdots a_n\\t_1\cdots t_n\end{bmatrix}}\cdots s_m{\begin{bmatrix}a_1\cdots a_n\\t_1\cdots t_n\end{bmatrix}}$$

つまり

$$t{\begin{bmatrix}a_1\cdots a_n\\t_1\cdots t_n\end{bmatrix}}$$

は項である.

次に目標の命題を論理式の複雑さに関する帰納法, つまり論理式に現れる論理記号の数に関する帰納法で示す.

(R1) $A \equiv Ps_1\cdots s_m$ であるとき.

第 1 章　論理式

$$s_1{\begin{bmatrix}a_1\cdots a_n\\t_1\cdots t_n\end{bmatrix}},\cdots,s_m{\begin{bmatrix}a_1\cdots a_n\\t_1\cdots t_n\end{bmatrix}}$$

は項であるから

$$A{\begin{bmatrix}a_1\cdots a_n\\t_1\cdots t_n\end{bmatrix}}$$

はまた論理式である．

(R2) A が論理式

$$\neg B,\quad B\vee C,\quad B\wedge C\quad \text{あるいは}\quad B\to C$$

のとき．帰納法の仮定から

$$B{\begin{bmatrix}a_1\cdots a_n\\t_1\cdots t_n\end{bmatrix}},\quad C{\begin{bmatrix}a_1\cdots a_n\\t_1\cdots t_n\end{bmatrix}}$$

が論理式である．よってそれぞれ

$$\neg(B{\begin{bmatrix}a_1\cdots a_n\\t_1\cdots t_n\end{bmatrix}}),\ B{\begin{bmatrix}a_1\cdots a_n\\t_1\cdots t_n\end{bmatrix}}\vee C{\begin{bmatrix}a_1\cdots a_n\\t_1\cdots t_n\end{bmatrix}},\ B{\begin{bmatrix}a_1\cdots a_n\\t_1\cdots t_n\end{bmatrix}}\wedge C{\begin{bmatrix}a_1\cdots a_n\\t_1\cdots t_n\end{bmatrix}},\ B{\begin{bmatrix}a_1\cdots a_n\\t_1\cdots t_n\end{bmatrix}}\to C{\begin{bmatrix}a_1\cdots a_n\\t_1\cdots t_n\end{bmatrix}}$$

である

$$A{\begin{bmatrix}a_1\cdots a_n\\t_1\cdots t_n\end{bmatrix}}$$

はまた論理式である．

(R3) A が

$$\forall x B{\begin{bmatrix}a\\x\end{bmatrix}}\quad \text{あるいは}\quad \exists x B{\begin{bmatrix}a\\x\end{bmatrix}}$$

(束縛変数記号 x が B の中に現れない) であるとき．ほとんど当たり前のような命題といったが，この場合は多少注意を要するところである．

b を $B,t_1,\cdots,t_n$ に現れない $a_1,\cdots,a_n$ と異なる自由変数とする．帰納法の仮定から

$$B{\begin{bmatrix}a\\b\end{bmatrix}}$$

は論理式であり，

$$\forall x B{\begin{bmatrix}a\\x\end{bmatrix}}\equiv \forall x B{\begin{bmatrix}a\\b\end{bmatrix}}{\begin{bmatrix}b\\x\end{bmatrix}}\quad \text{で}\quad \exists x B{\begin{bmatrix}a\\x\end{bmatrix}}\equiv \exists x B{\begin{bmatrix}a\\b\end{bmatrix}}{\begin{bmatrix}b\\x\end{bmatrix}}$$

である．帰納法の仮定から

第1章 論理式

$$B{\textstyle{[a\atop b]}}{\textstyle{[a_1\cdots a_n\atop t_1\cdots t_n]}}$$

は論理式であり

$$B{\textstyle{[a\atop b]}}{\textstyle{[b\atop x]}}{\textstyle{[a_1\cdots a_n\atop t_1\cdots t_n]}} \equiv B{\textstyle{[a\atop b]}}{\textstyle{[a_1\cdots a_n\atop t_1\cdots t_n]}}{\textstyle{[b\atop x]}}$$

であるから

$$A{\textstyle{[a_1\cdots a_n\atop t_1\cdots t_n]}}$$

は論理式である． □

系 7. $\exists x A$ あるいは $\forall x A$ が論理式のとき，項 t に対して $A[{x\atop t}]$ はまた論理式である．

証明 $\exists x A$ あるいは $\forall x A$ が論理式であることから，A に現れていない自由変数 a があって $A[{x\atop a}]$ が論理式である．定理 6 から

$$A[{x\atop a}][{a\atop t}]$$

は論理式である．

$$A[{x\atop t}] \equiv A[{x\atop a}][{a\atop t}]$$

であるので結論を得る． □

先ほどの例のように

$$Pab \land \neg Pac$$

のような論理式は，自由変数 $a, b, c,$ が何をさしているか決まらないと成立しているかどうかわからない．けれども

$$\forall x(Mx \to \exists y Pxy) \quad や \quad \forall x(Wx \to \exists y Pyx)$$

という論理式は，原理的には成立しているかどうか決まっているものである．後者のような論理式を閉論理式という．つまり，

定義 8. 自由変数を含まない項を閉項，自由変数を含まない論理式を閉論理式という．

第1章 練習問題

[1] $\forall xA$ が論理式のとき,自由変数 a に対して $A[{}^x_a]$ は論理式である.また,a が $\forall xA$ に現れないとき,$A[{}^x_a]$ を A^* とすれば $\forall xA$ は $\forall xA^*[{}^a_x]$ である.

第2章
論理式の解釈と構造

前の章ではもっぱら記号列に関するものを扱ってきた．数理論理における非常に大切な認識として，'一方ではただある形状のものという側面から扱う立場に立ち，他方ではそれの内容，意味を中心に考えるという立場に立つ'と述べたが，前の章では主に記号列を形状から扱うという側面を述べた．この章ではこの後者の立場の認識について述べる．

空でない集合 A，直積集合 A^{m_i} の部分集合 P_i，関数 $f_j : A^{n_j} \to A$，要素 $c_k \in A$ の組 $(A, P_i, f_j, c_k : i \in I, j \in J, k \in K)$ を構造という．また，集合 A をこの構造の定義域という（ここで，m_i, n_j は自然数である）．たとえば実数全体を $\mathbb{R}$ として，$P_0 = \{(x,y) : x = y\} \subseteq \mathbb{R} \times \mathbb{R}$，$P_1 = \{(x,y) : x \leq y\} \subseteq \mathbb{R} \times \mathbb{R}$ とするとき，$(\mathbb{R}, P_1, P_0)$ は通常実数全体のなす順序構造あるいは順序集合といわれるものである．また群 G の演算を $\cdot : G \times G \to G$ とし $P = \{(x,y) : x = y\} \subseteq G \times G$ とすれば，$(G, \cdot, P)$ が群構造あるいは単に群と呼ばれるものである．

また環，順序群，順序体とかいった構造が代数的構造として知られているが，ここで扱うのはこれらの一般論である．ここで単に構造といった場合，たとえば単位元が存在しなくてもよいし，半順序でなくてもよい，ただ関数や部分集合が与えられているだけである．

さて定義 2 で言語 L が与えられるとそれに対応する構造のクラスがある．言語 L は述語記号列，関数記号列，定数記号列の組 $(P_i : i \in I), (f_j : j \in J), (c_k : k \in K)$ のことであり，P_i, f_j には各々自然数 n が対応している．この言語 L に対応する構造は $\mathfrak{A} = (|\mathfrak{A}|, P_i^{\mathfrak{A}}, f_j^{\mathfrak{A}}, c_k^{\mathfrak{A}} : i \in I, j \in J, k \in K)$ の形

で与えられる．これを L-構造という．

次に構造 $\mathfrak{A}$ における論理式の解釈を定義する．論理式のなかには閉論理式のように原理的に真偽の定まるものもあるが，$a=1$ のように a の値により真であったり偽であったりするものもある．L-構造を 1 つ定めたとき，すべての閉論理式に対して真偽を定義する．このため言語 L に新しい定数記号 $\underline{d}$ $(d \in |\mathfrak{A}|)$ を付け加えた言語を $L(\mathfrak{A})$ とし，$L(\mathfrak{A})$ のすべての閉論理式に対して構造 $\mathfrak{A}$ での真偽を定義する．L-構造 $\mathfrak{A} = (|\mathfrak{A}|, P_i^{\mathfrak{A}}, f_j^{\mathfrak{A}}, c_k^{\mathfrak{A}} : i \in I, j \in J, k \in K)$，言語 $L(\mathfrak{A})$ の閉項 t，閉論理式 F に対して

$$t^{\mathfrak{A}} \in |\mathfrak{A}| \quad \text{および} \quad \mathfrak{A} \models F$$

を次のように定義する．抽象数学に慣れている方にはいささかもってまわったように見えることと思うが，このように厳格に定義することにより論理式の記号の列であるという側面と，閉論理式の内容，つまりその真偽が明解に区別されるということに注意してほしい．

定義 9. (K1) 定数記号 c_k，$\underline{d}$ について $c_k^{\mathfrak{A}}$ は $\mathfrak{A}$ によって定まったものとし，$\underline{d}^{\mathfrak{A}} = d$ とする；

(K2) $t_1, \cdots, t_n$ が閉項で f_j が n-変数関数記号のとき $(f_j t_1 \cdots t_n)^{\mathfrak{A}} = f_j^{\mathfrak{A}}(t_1^{\mathfrak{A}} \cdots t_n^{\mathfrak{A}})$．

(R1) P が n-変数述語記号，$t_1, \cdots, t_n$ が閉項のとき $(t_1^{\mathfrak{A}} \cdots t_n^{\mathfrak{A}}) \in P^{\mathfrak{A}}$ であることを $\mathfrak{A} \models P t_1 \cdots t_n$ と記す．

(R2) F, G が閉論理式のとき．
$\mathfrak{A} \models \neg F$ は $\mathfrak{A} \models F$ でないこと．$\mathfrak{A} \models F \vee G$ は $\mathfrak{A} \models F$ または $\mathfrak{A} \models G$ であること．$\mathfrak{A} \models F \wedge G, \mathfrak{A} \models F \to G$ も同様．

(R3) $\forall x G$ が閉論理式のとき．$\mathfrak{A} \models \forall x G$ はすべての $d \in |\mathfrak{A}|$ について $\mathfrak{A} \models G[\begin{smallmatrix}x\\\underline{d}\end{smallmatrix}]$ であること．
$\exists x G$ が閉論理式のとき．$\mathfrak{A} \models \exists x G$ はある $d \in |\mathfrak{A}|$ について $\mathfrak{A} \models G[\begin{smallmatrix}x\\\underline{d}\end{smallmatrix}]$ であること．

閉論理式の集合を公理系と呼び，公理系 $\mathcal{T}$ に対してすべての $A \in \mathcal{T}$ につい

第 2 章 論理式の解釈と構造

て $\mathfrak{A} \models A$ であるとき，$\mathfrak{A}$ を $\mathcal{T}$ のモデルという．

すでにあげた例を含めて説明しよう．普通モデル理論では構造といったとき述語記号 $=$ が $\mathfrak{A}$ の元として等しい，つまり $=$，という解釈が与えられているものと約束し，構造の表記に $=$ を省略している．この本でも後の章では，その慣習に従うが，第 6 章「完全性定理」の定理の証明までは省略せずに記述をする．

また誤解の起こる可能性がないときは述語記号 P の解釈を同じ記号 P を使って表し，関数記号 f の解釈も同じ記号 f で表すのが普通であるが，形式と内容を区別するという数理論理学の趣旨を重んじ，少なくともこの以下の例では，記号に対しては太文字，その解釈は細文字で表す．また $A \wedge (B \wedge C)$ と $(A \wedge B) \wedge C$ が構造で成立することは同値となるので，カッコを省略し $A \wedge B \wedge C$ と表す．また $A \vee B \vee C$ も同様である．

(1) 構造 $(A, =)$ について要素が 2 つ以上あるということは

$$(A, =) \models \exists x \exists y (\neg x = y)$$

と同値である．要素が 2 つ以下というのは

$$(A, =) \models \exists x \exists y \forall z (z = x \vee z = y)$$

と同値である．

このようにして要素が 3 以上，3 以下，4 以上，4 以下といったことも表現できるわけであるが，無限個あるとか，有限個あるといったことを 1 つの論理式で表現することができるであろうか？これには第 7 章「1 階述語論理の表現可能性の限界について」で答えることにしよう．

(2) 構造 $(A, \leq, =)$ について $\leq$ が半順序であることは

$$(A, \leq, =) \models \forall x \forall y \forall z (x \leq y \wedge y \leq z \to x \leq z) \ \wedge \ \forall x \forall y (x \leq y \wedge y \leq x \to x = y)$$

と同値である．$\leq$ が全順序であることは

$$(A, \leq, =) \models \forall x \forall y \forall z (x \leq y \wedge y \leq z \to x \leq z)$$

$$\land\ \forall x \forall y (x \leq y \land y \leq x \rightarrow x=y)$$
$$\land\ \forall x \forall y (x \leq y \lor y \leq x)$$

と同値である.

半順序構造,とくに有限のものは平面にハッセ図式として表示される.たとえば,次頁の6つの図をハッセ図式とする.図 (1) を使って,ハッセ図式によって表される半順序集合を説明する.線分で結ばれている点は,上にある方が大であるとする.たとえば,$B \leq A$ であり,$A \leq E$ である.この結果,$B \leq E$ が成立している.つまり,B と E を直接結んでいる線分はなくても,上から下にたどっていけるとき,上の元が下の元より大きい.つまり,(1) の図に B と E を結ぶ線分を加えても,同じ半順序集合を表している.A と G は平面上では A が上にあるが,A から G に線分を上から下へとたどっていくことができないので,A と G の間には大小関係はない.これらのハッセ図式で表される半順序構造でどのような閉論理式が成立するか,あるいは成立しないかを考察する.

半順序集合の点の性質で典型的なものは,最大元,最小元,極大元,極小元,すべての元と比較できる元といった性質である.それぞれ,

$$\forall x(x \leq a)$$

$$\forall x(a \leq x)$$

$$\forall x(a \leq x \rightarrow x=a)$$

$$\forall x(x \leq a \rightarrow x=a)$$

$$\forall x(x \leq a \lor a \leq x)$$

で表される.

たとえば,最大元の存在する構造,つまり

$$\exists y \forall x(x \leq y)$$

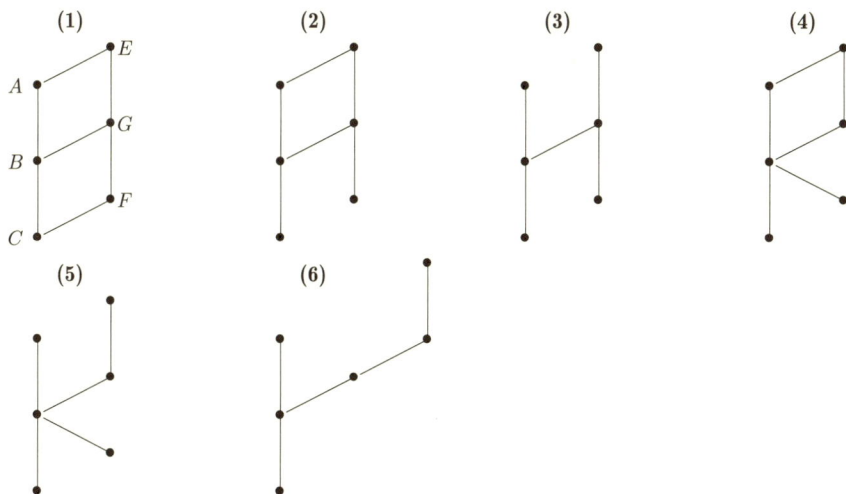

が成立する構造は (1), (2), (4) である．また，(2), (3), (4), (5) には最小元がない．つまり

$$\neg \exists y \forall x (y \leq x)$$

が成立している．(3) 以外では，すべての元と比較可能な元が存在している．つまり

$$\exists y \forall x (x \leq y \vee y \leq x)$$

が成立している．

(3) 次の 4 つの全順序構造

$$(\mathbb{N}, \leq, =), \ (\mathbb{Z}, \leq, =), \ (\mathbb{Q}, \leq, =), \ (\mathbb{R}, \leq, =)$$

について考えよう（$\mathbb{R}$ は実数全体，$\mathbb{Q}$ は有理数全体，$\mathbb{Z}$ は整数全体，$\mathbb{N}$ 自然数つまり 1 以上の整数全体とする）．

$$x \leq y \wedge \neg x = y$$

を省略して

$$x<y$$

と記す.

$$(\mathbb{Q},\leq,=)\models \forall x\forall y(x<y \to \exists z(x<z \wedge z<y)),$$
$$(\mathbb{R},\leq,=)\models \forall x\forall y(x<y \to \exists z(x<z \wedge z<y))$$

は共に成立するが

$$(\mathbb{N},\leq,=)\models \forall x\forall y(x<y \to \exists z(x<z \wedge z<y)),$$
$$(\mathbb{Z},\leq,=)\models \forall x\forall y(x<y \to \exists z(x<z \wedge z<y))$$

は共に不成立である.

また

$$(\mathbb{N},\leq,=)\models \exists x\forall y(x\leq y)$$

は成立するが

$$(\mathbb{Z},\leq,=)\models \exists x\forall y(x\leq y)$$

は成立しない.

$\mathbb{Q}$ は可算集合で $\mathbb{R}$ は非可算集合であるから2つの構造 $(\mathbb{Q},\leq,=)$ と $(\mathbb{R},\leq,=)$ は同型でない. けれどもその他の場合のようにこの2つを上記のようなやり方で区別することはできない. このことは第8章「初等部分構造について」で述べることにする.

(4)「群 G の演算を $\cdot$ で表す」という表現は構造 $(G,\cdot,=)$ で

$$\forall x\forall y\forall z((x\cdot y)\cdot z = x\cdot(y\cdot z)) \wedge \exists x\forall y((x\cdot y = y) \wedge \exists z(z\cdot y = x))$$

が成立していることである.

$$\forall x\forall y(x\cdot y = y\cdot x)$$

も成立すれば,群 G が可換群であるということである.

微分積分入門

堀内利郎・下村勝孝・鈴木香奈子 共著

A5・296頁・ISBN978-4-7536-0071-7
定価 3080円(本体 2800円+税 10%)

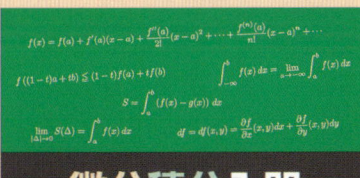

自然科学・工学分野にとどまらず,多様な分野の基礎となる微分積分学.

その「微分積分」を
「基礎を中心に学びたい」
「応用や数学の面白さを知りたい」
読者のために,基礎や応用,興味深い内容が,いろいろな難易度で学習できる教科書です.

重要なコンテンツを,見開きページで解説した〈オーバービュー〉を各章の冒頭に配置し,章全体の内容や学習の立ち位置を俯瞰的に確認することができます.
面白くて意外な使われ方などを紹介する〈珈琲ブレイク〉でリフレッシュも.

様々な仕掛けが盛り込まれ,数学を学ぶ楽しさを満喫できる書となっています.

自然科学書出版
内田老鶴圃

〒112-0012 東京都文京区大塚3-34-3
TEL 03-3945-6781・FAX 03-3945-6782
https://www.rokakuho.co.jp/

関数解析の基礎 ∞次元の微積分

堀内利郎・下村勝孝 著　ISBN978-4-7536-0099-1
A5・296 頁・定価 4180 円（本体 3800 円＋税 10%）
パート 1…基礎理論　ベクトル空間からノルム空間へ／ルベーグ積分：A Quick Review／ヒルベルト空間／ヒルベルト空間上の線形作用素／フーリエ変換とラプラス変換／パート 2…応用　プロローグ：線形常微分方程式／超関数／偏微分方程式とその解について／基本解とグリーン関数の例／楕円型境界値問題への応用／フーリエ変換の初等的偏微分方程式への適用例／変分問題／ウェーブレット／エピローグ

複素解析の基礎　i のある微分積分学

堀内利郎・下村勝孝 著　ISBN978-4-7536-0097-7
A5・256 頁・定価 3630 円（本体 3300 円＋税 10%）
プロローグ…複素世界への招待／べき級数の世界／べき級数で定義される関数の世界／正則関数の世界／コーシーの積分定理／特異点をもつ関数の世界／正則関数のつくる世界／調和関数のつくる世界／正則関数列と有理型関数列の世界／エピローグ…問題解答

代数方程式のはなし　今野一宏 著

A5・156 頁・ISBN978-4-7536-0202-5
定価 2750 円（本体 2500 円＋税 10%）

平面代数曲線のはなし　今野一宏 著

A5・184 頁・ISBN978-4-7536-0203-2
定価 2860 円（本体 2600 円＋税 10%）

古典的不等式の精密化　堀内利郎 著

臨界・非臨界の統一と∞次特異点の導入まで
A5・344 頁・ISBN978-4-7536-0088-5
定価 6600 円（本体 6000 円＋税 10%）

数理統計学　基礎から学ぶデータ解析

鈴木　武・山田作太郎 著
A5・416 頁・ISBN978-4-7536-0119-6
定価 4180 円（本体 3800 円＋税 10%）

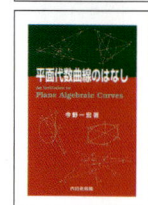

統計学への確率論, その先へ　第2版

ゼロからの測度論的理解と漸近理論への架け橋
清水泰隆 著
A5・232 頁・ISBN978-4-7536-0125-7
定価 3850 円（本体 3500 円＋税 10%）

統計学への漸近論, その先は

現代の統計リテラシーから確率過程の統計学へ
清水泰隆 著
A5・256 頁・ISBN978-4-7536-0126-4
定価 4180 円（本体 3800 円＋税 10%）

関数解析入門 バナッハ空間とヒルベルト空間
荷見守助 著　ISBN978-4-7536-0094-6
A5・176 頁・定価 3080 円(本体 2800 円＋税 10%)
距離空間とベールの定理／ノルム空間の定義と例／線型作用素／バナッハ空間続論／ヒルベルト空間の構造／関数空間 L^2 ／ルベーグ積分論への応用／連続関数の空間／付録　測度と積分／商空間の構成

関数解析入門　線型作用素のスペクトル
荷見守助・長 宗雄・瀬戸道生 著　ISBN978-4-7536-0089-2
A5・248 頁・定価 3630 円(本体 3300 円＋税 10%)
第 1 部　有界線型作用素　バナッハ空間とヒルベルト空間／線型作用素／線型作用素のスペクトル／コンパクト作用素／線型作用素の関数／第 2 部　ヒルベルト空間上の自己共役作用素　有界作用素のスペクトル分解定理／非有界自己共役作用素／非有界自己共役作用素のスペクトル分解／第 3 部　バナッハ環による解析　バナッハ環の基礎／可換バナッハ環のゲルファント変換／C^* 環／付録

計算力をつける微分積分
神永正博・藤田育嗣　著
A5・172 頁・ISBN978-4-7536-0031-1
定価 2200 円(本体 2000 円＋税 10%)

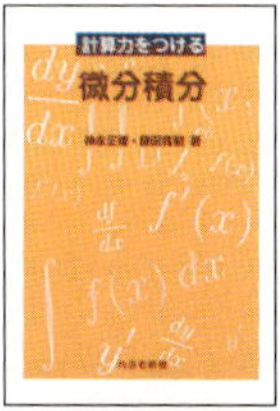

計算力をつける微分方程式
藤田育嗣・間田 潤　著
A5・144 頁・ISBN978-4-7536-0034-2
定価 2200 円(本体 2000 円＋税 10%)

機械学習のための関数解析入門
ヒルベルト空間とカーネル法 
瀬戸道生・伊吹竜也・畑中健志　著
A5・168 頁・ISBN978-4-7536-0171-4
定価 3080 円(本体 2800 円＋税 10%)

機械学習のための関数解析入門
カーネル法実践：学習から制御まで 
伊吹竜也・山内淳矢・畑中健志・瀬戸道生　著
A5・176 頁・ISBN978-4-7536-0172-1
定価 3080 円(本体 2800 円＋税 10%)

R で学ぶ確率統計学
神永正博・木下 勉　著

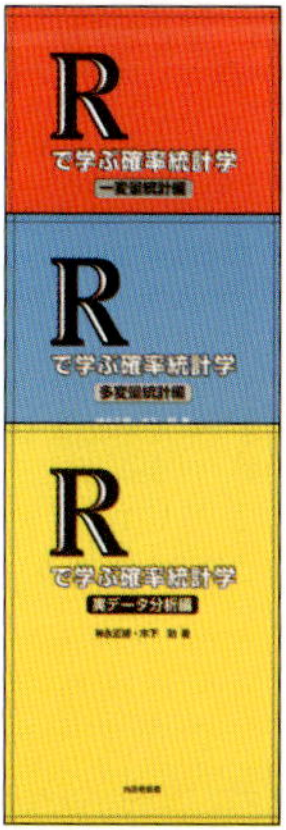

一変量統計編　B5・200 頁・ISBN978-4-7536-0123-3
定価 3630 円(本体 3300 円＋税 10%)

多変量統計編　B5・220 頁・ISBN978-4-7536-0124-0
定価 3850 円(本体 3500 円＋税 10%)

実データ分析編　B5・272 頁・ISBN978-4-7536-0127-1
定価 4180 円(本体 3800 円＋税 10%)

目次

第1章 実数
オーバービュー

1.1 実数 実数の基本性質／有理数と無理数／ステップ・アップ：可算集合と有理数の可算性／珈琲ブレイク：実数の非可算性／確認問題

1.2 数列 数列の基本性質／有界数列・単調数列・部分列／ステップ・アップ：上限と下限の存在／珈琲ブレイク：ヒルベルト・ホテル／確認問題

1.3 無限級数 無限級数の基本性質／正項級数、絶対収束と条件収束／ステップ・アップ：交代級数の収束性／珈琲ブレイク：$x \in [0,1]$ が有理数である確率が 0 であること／確認問題

第2章 1変数関数の導入
オーバービュー

2.1 連続関数 連続関数の基本性質／重要な関数の極限の証明／ベキ乗関数／ステップ・アップ：中間値の定理と最大値・最小値の定理／アドバンスト：関数と関数の距離を測ってみよう／確認問題

2.2 初等的関数 関数の基本性質／重要な初等関数の例／珈琲ブレイク：なぜ双曲線関数なのか？／確認問題

第3章 微分法
オーバービュー

3.1 微分法 微分法の導入／指数関数と三角関数の微分・高階導関数／ステップ・アップ：ライプニッツの公式／珈琲ブレイク：二項定理／確認問題

3.2 微分法の運用 合成関数と逆関数の微分法／対数微分法／アドバンスト：簡単な微分方程式を解いてみよう／珈琲ブレイク：危険なベキ乗^{ねずみ算}関数の微分／確認問題

3.3 平均値の定理とテイラー展開 平均値の定理／テイラーの定理／ステップ・アップ：テイラー展開と漸近展開／珈琲ブレイク：オイラーの定数／確認問題

第4章 微分法の応用
オーバービュー

4.1 関数の極値問題 極大と極小／関数のグラフの凹凸／珈琲ブレイク：カーブの不思議(曲率と曲率半径)／確認問題

4.2 不定形の極限 ロピタルの定理、$\frac{\infty}{\infty}$型の不定形／珈琲ブレイク：ニュートン法入門／確認問題

4.3 関数列と関数項の級数 各点収束と一様収束／テイラー級数／珈琲ブレイク：これも有名なオイラーの公式です／確認問題

第5章 積分法
オーバービュー

5.1 不定積分 不定積分の基本性質／有理関数の不定積分／アドバンスト：微分方程式の解法への応用／珈琲ブレイク：雨の最終速度について／確認問題

5.2 定積分 定積分の基本性質／単調関数と連続関数の積分可能性／ステップ・アップ：定積分と極限操作の交換可能性／珈琲ブレイク：本やレンガをずらして重ねていくと何が起こるのか？／確認問題

第6章 積分法の応用
オーバービュー

6.1 積分法の具体的運用 面積と曲線の長さ／ステップ・アップ：有理関数の積分に帰着する不定積分／アドバンスト：ウォリスの公式とスターリングの公式／珈琲ブレイク：積分法によるテイラーの公式の簡単導出／確認問題

6.2 広義積分 広義積分の基本性質／広義積分の様々な優関数／珈琲ブレイク：ガンマ関数とベータ関数の不思議な関係／確認問題

第7章 偏微分法
オーバービュー

7.1 2変数関数 2変数関数の導入／方向微分／ステップ・アップ：偏導関数の連続性と応用／珈琲ブレイク：散歩の達人(急坂と勾配ベクトルについて)／確認問題

7.2 偏導関数の計算法 合成関数の偏微分法と2階偏導関数／2次元の変数変換／ステップ・アップ：3次元の極座標変換／珈琲ブレイク：少し危険な変数変換について／確認問題

7.3 高階導関数 高階導関数の基本性質／テイラーの定理／珈琲ブレイク：積分法によるテイラー級数展開の導出／確認問題

第8章 偏微分法の応用
オーバービュー

8.1 偏導関数の幾何学的応用 接平面と法線／全微分可能性／珈琲ブレイク：全微分の直感的意味／確認問題

8.2 陰関数の微分法 陰関数定理／陰関数定理の証明と補足／珈琲ブレイク：3変数の陰関数定理と応用／確認問題

8.3 極値問題 極大・極小と停留点／ステップ・アップ：最大・最小問題への応用／アドバンスト：条件付き極値問題とラグランジュ乗数法／珈琲ブレイク：シャボン玉がテーブルにくっつくと／確認問題

第9章 重積分法
オーバービュー

9.1 重積分 重積分と累次積分／累次積分とフビニの定理／珈琲ブレイク：カヴァリエリの原理／確認問題

9.2 重積分の変数変換 変数変換とヤコビアン／平面図形の重心／珈琲ブレイク：ヤコビアンの幾何学的意味は？／確認問題

9.3 広義重積分 広義重積分の基本性質／広義積分の収束判定法／珈琲ブレイク：ガンマ関数とベータ関数の非線形な関係／確認問題

第10章 重積分の応用
オーバービュー

10.1 体積・曲面積 体積・曲面積の求め方／交差・回転で現れる図形の体積・表面積／アドバンスト：一般の三重積分／珈琲ブレイク：何故、錐体の体積には$\frac{1}{3}$が付くのか／確認問題

10.2 ベクトル解析入門 平面上の線積分／グリーンの定理／ガウスの定理／珈琲ブレイク：平面のアルキメデスの原理／確認問題

確認問題の解答

Appendix

2.2.2：指数関数の本質的性質 $a^{x+y}=a^x a^y$ について／3.3.2：コーシーの剰余項 (3.3.3) の導出／4.1.3：曲率が一定な曲線は円である（珈琲ブレイク脚注）／4.2.2：$\frac{\infty}{\infty}$型のロピタルの定理(定理4.2.3)の証明／4.2.3：定理4.2.5 (ニュートン法による高速収束列の構成／5.1.2：有理関数の不定積分の証明／5.2.2：定理5.2.10：一様連続性の証明／10.1.4：錐体の側面積を求めてみよう／10.2.2：グリーンの定理による重積分の変数変換 (定理9.2.2) の証明

関数解析入門のための
フーリエ変換・ラプラス変換
積分方程式・ルベーグ積分

瀬戸 道生・細川 卓也　共著

A5・244 頁・定価 3300 円(本体 3000 円+税 10%)
ISBN978-4-7536-0173-8

関数解析入門のための
フーリエ変換・ラプラス変換
積分方程式・ルベーグ積分

瀬戸 道生・細川 卓也 共著

Fourier transform　*Laplace transform*

integral equation　*Lebesgue integral*

内田老鶴圃

「近年，機械学習に興味をもつ人々の間で，関数解析を学ぼうという気運が高まっている．その一方で，関数解析は抽象的で近寄りがたいという感想を聞くことがある．」本書は，関数解析の入門書の副読本となることを目標にまとめられ，一般的な入門書と合わせて読むことで，関数解析特有の考え方に対する理解が深まることを目指した書．

自然科学書出版
内田老鶴圃

〒112-0012　東京都文京区大塚 3-34-3
TEL 03-3945-6781・FAX 03-3945-6782
http://www.rokakuho.co.jp/

機械学習のための関数解析入門
ヒルベルト空間とカーネル法
瀬戸道生・伊吹竜也・畑中健志　共著
A5・168 頁・定価 3080 円（本体 2800 円＋税 10%）
ISBN978-4-7536-0171-4

本書は機械学習の背景にある関数解析の入門書である．理工系学部の標準的な数学の知識を前提にカーネル法の理論と応用の解説を試みていく．

機械学習のための関数解析入門
カーネル法実践：学習から制御まで
伊吹竜也・山内淳矢・畑中健志・瀬戸道生　共著
A5・176 頁・定価 3080 円（本体 2800 円＋税 10%）
ISBN978-4-7536-0172-1

上記「ヒルベルト空間とカーネル法」の姉妹本．前著では関数解析の応用としてカーネル法の理論と応用の解説を試みた．本書ではプログラミング言語として Python を採用し，実践編としてより実装に特化した形でカーネル法およびその応用例についてまとめる．

フーリエの方法
入江昭二・垣田高夫　共著
A5・112 頁・定価 1980 円（本体 1800 円＋税 10%）
ISBN978-4-7536-0085-4

本書は，Fourier 級数および Fourier 積分が，どういうものであるか，一体何の役に立つのか，ということを熱方程式，波動方程式，Laplace 方程式等，いわゆる，物理数学の方程式を例にとって解説した教科書である．

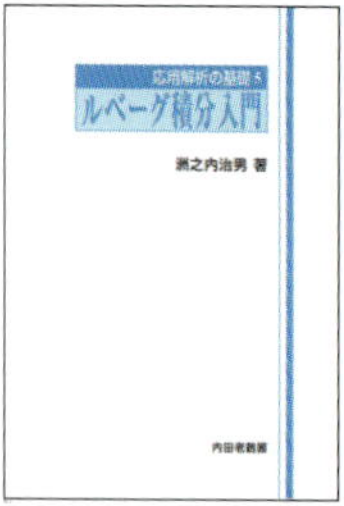

ルベーグ積分入門
洲之内治男　著
A5・272 頁・定価 4180 円（本体 3800 円＋税 10%）
ISBN978-4-7536-0086-1

本書は，教養課程の微分積分に続くものとして，ルベーグ積分を基礎から説明し，関数解析への橋渡しとして，ルベーグ空間とフーリエ級数の理論の一端を紹介する．

関数解析入門
線型作用素のスペクトル
荷見守助・長　宗雄・瀬戸道生　共著
A5・248 頁・定価 3630 円(本体 3300 円+税 10%)
ISBN978-4-7536-0089-2
バナッハ空間およびヒルベルト空間上の線型作用素の基礎知識を作用素のスペクトルを標語としてまとめ，学部上級から大学院初年級向けの教科書であり，また自習書としても好適な書．

関数解析の基礎
∞次元の微積分
堀内利郎・下村勝孝　共著
A5・296 頁・定価 4180 円(本体 3800 円+税 10%)
ISBN978-4-7536-0099-1
前半で準備する線形関数解析学を微分方程式のいろいろな問題に応用しつつ，非線形問題にも到達することを目指す．

ルベーグ積分論
柴田良弘　著
A5・392 頁・定価 5170 円(本体 4700 円+税 10%)
ISBN978-4-7536-0070-0
本書は，変数変換と複素補間に関する定理を除いて全ての定理に厳密な証明を与える．数学ではアイデアだけでなく，アイデアを実行する地道な解析力も要求される．優れた発想は証明を厳密に読む地道な努力から得られるとの立場から執筆．

統計学への確率論，その先へ　第 2 版
ゼロからの測度論的理解と漸近理論への架け橋
清水泰隆　著
A5・232 頁・定価 3850 円(本体 3500 円+税 10%)
ISBN978-4-7536-0125-7
本格的な数理統計学を目標とする読者に向け，統計学で重要となる事柄に重点を置いた，速習的に確率論を学ぶことができる学部生向け教科書．

関数解析入門のためのフーリエ変換・ラプラス変換・積分方程式・ルベーグ積分

第1章 フーリエ級数
1.1 フーリエ係数
1.2 L^2 の幾何
1.3 ディリクレの定理
1.4 熱方程式1
1.5 フェイェルの定理
1.6 L^2 関数のフーリエ級数

第2章 フーリエ変換
2.1 フーリエ積分
2.2 急減少関数の空間
2.3 急減少関数のフーリエ変換
2.4 熱方程式2
2.5 L^2 関数のフーリエ変換
2.6 正則フーリエ変換

第3章 ラプラス変換と z 変換
3.1 ラプラス変換
3.2 フィードバック制御
3.3 安定性
3.4 ナイキストの安定判別法
3.5 z 変換
3.6 実現理論入門

第4章 積分方程式
4.1 積分作用素
4.2 線形作用素
4.3 固有値と固有関数
4.4 ヒルベルト・シュミットの展開定理
4.5 マーサーの定理
4.6 ノイマン級数
4.7 フレドホルム行列式

第5章 測度と積分
5.1 ジョルダン測度
5.2 ルベーグ測度
5.3 可測関数
5.4 ルベーグ積分
5.5 収束定理

付録A 連続関数の空間

付録B 偏角の原理

付録C 行列のノルム

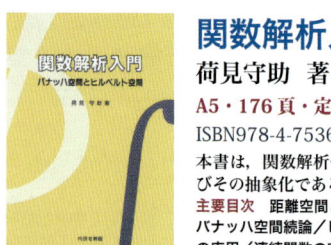

関数解析入門 バナッハ空間とヒルベルト空間

荷見守助 著

A5・176頁・定価3080円（本体2800円＋税10%）
ISBN978-4-7536-0094-6

本書は，関数解析への入門を目的とし，基本となる関数の空間およびその抽象化であるバナッハ空間とヒルベルト空間を解説．
主要目次 距離空間とベールの定理／ノルム空間の定義と例／線型作用素／バナッハ空間続論／ヒルベルト空間の構造／関数空間 L^2／ルベーグ積分論への応用／連続関数の空間　付録 測度と積分／商空間の構成

(5) 次の 4 つの構造

$$(\mathbb{N}, +, =), (\mathbb{Z}, +, =), (\mathbb{Q}, +, =), (\mathbb{R}, +, =)$$

について考えよう．ここで $+$ は通常の加法である．$(\mathbb{N}, +, =)$ は単位元がないが，他の $(\mathbb{Z}, +, =), (\mathbb{Q}, +, =), (\mathbb{R}, +, =)$ にはある．
　つまり

$$\exists x \forall y (x + y = y)$$

が $(\mathbb{Z}, +, =), (\mathbb{Q}, +, =), (\mathbb{R}, +, =)$ で成立しているが，$(\mathbb{N}, +, =)$ では成立しない．また，$(\mathbb{Z}, +, =)$ には $1/2$ がないので，

$$\forall x \exists y (x = y + y)$$

は成立していないが，$(\mathbb{Q}, +, =), (\mathbb{R}, +, =)$ では成立する．$(\mathbb{Z}, +, =), (\mathbb{Q}, +, =), (\mathbb{R}, +, =)$ はすべて可換群である．

(6) 次の 6 つの構造

$$\mathfrak{N} = (\mathbb{N}, +, \cdot, =),\ \mathfrak{Z} = (\mathbb{Z}, +, \cdot, =),\ \mathfrak{Q} = (\mathbb{Q}, +, \cdot, =),$$
$$\mathfrak{R} = (\mathbb{R}, +, \cdot, =),\ \mathfrak{C} = (\mathbb{C}, +, \cdot, =),\ \mathfrak{M}_2 = (M_2(\mathbb{R}), +, \cdot, =)$$

について考えよう．ここで $M_2(\mathbb{R})$ は 2×2-実行列の全体の集合で $+, \cdot$ は通常の加法，乗法である．
　$\mathbb{N}$ には 0 およびマイナスの要素がないが他の構造にはそれらがある．L の論理式を使ってどのようにそれが表現できるであろうか？　また，たとえ $0, 1$ といった定数記号が L に属していたとしても

$$\forall x (x + 0 = x)$$

という閉論理式がどんな構造でも成立するという保証はないし，0 という定数記号が $\mathbb{Z}$ の 0 として解釈されるのは構造を定義するときにそのように指定することによっているということは注意すべきである．

さて論理式
$$\exists x(\forall y(x+y=y) \wedge \forall y \exists z(y+z=x))$$
は $\mathfrak{N}$ 以外の構造で成立する．論理式
$$\exists x \exists y(x=y+y \wedge \forall z(z \cdot x=z))$$
は内容的には $1/2$ の存在を表すもので，$\mathfrak{Q}, \mathfrak{R}$ で成立するが $\mathfrak{Z}$ では不成立である．論理式
$$\exists x \exists y(x+x=y \cdot y \wedge \forall z(z \cdot x=z))$$
は内容的には $\sqrt{2}$ の存在を表すものだから，$\mathfrak{R}$ で成立するが $\mathfrak{Q}$ では成立しない．論理式
$$\exists x \exists y \exists w(w=y \cdot y \wedge \forall z((x+w)+z=z) \wedge \forall z(z \cdot x=z))$$
は内容的には $\sqrt{-1}$ の存在を表すものだから，$\mathfrak{C}$ で成立するが $\mathfrak{R}$ では成立しない．

よく知られているように $\mathfrak{M}_2$ は乗法に関して非可換である．つまり，
$$\forall x \forall y(xy=yx)$$
が成立していない．また $\mathfrak{C}=(\mathbb{C},+,\cdot,=)$ と $\mathfrak{M}_2=(M_2(\mathbb{R}),+,\cdot,=)$ で成立し，他の構造で成立しない性質として，乗法単位元の加法逆元の平方根の存在という性質がある．この閉論理式の書き方は次のようにする．$a=-1$ に対応する論理式は素直に書けば
$$\exists x(\forall y(x \cdot y=y) \wedge \forall y((a+x)+y=y))$$
少し簡単に書けば
$$\exists x \forall y(x \cdot y=y \wedge (a+x)+y=y)$$
である．このような a の平方根の存在だから

第 2 章 論理式の解釈と構造 29

$$\exists z \exists x \forall y (x \cdot y = y \wedge ((z \cdot z) + x) + y = y)$$

と書けばよい．

(7) グラフのようなものも構造として表すことができる．まず有向グラフを構造として捕らえるには V を頂点の集合とし $R \subset V \times V$ を $(a,b) \in R$ と a から b への矢線があることと同値になるようにとればよい．つまり，2 変数述語記号を解釈する構造はすべて有向グラフであると思ってよいということでもある．無向グラフは

$$\forall x \forall y (\boldsymbol{R}xy \to \boldsymbol{R}yx) \wedge \forall x \boldsymbol{R}xx$$

が成立する構造とすればよい．

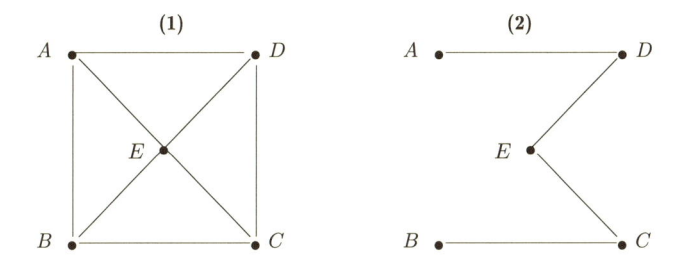

この (1) の無向グラフでは点 E が他のすべての点と結ばれている．$\forall x \boldsymbol{R}xx$ を仮定しているので，$\exists x \forall y \boldsymbol{R}xy$ が成立している．(2) の無向グラフでは，他のすべての点と結ばれている点は存在していないので

$$\exists x \forall y \boldsymbol{R}xy$$

は成立していない．また，(2) の点 A および B は自分自身以外の点で結ばれている点は 1 点のみである．いわゆる端点である．これは，自由変数 a を使って

$$\exists x ((\boldsymbol{R}ax \wedge \neg x = a) \wedge \forall y (\boldsymbol{R}ay \to (y = a \vee y = x)))$$

と書けばよい．

(8) 次の構造を考えよう．

$$(*) \quad (\mathbb{R}, \leq, d, f, 0, =)$$

これは (3) の実数からなる全順序構造に，距離を定める 2 変数関数 d，つまり $d(x,y) = |x - y|$，1 変数関数 f，実数 0 を付け加えた構造である．ここでは，関数 f のいろいろな性質が，ある閉論理式がこの構造で成立するということで表現できる．

まず，f が最大値をもつということは

$$\exists x \forall y (\boldsymbol{f}y \leq \boldsymbol{f}x)$$

がこの構造 $(*)$ で成立するということである．連続その他の概念を表すために，

$$a \leq b \land \neg a = b$$

を

$$a < b$$

と書くことにする．まず，f が極大値をもつということは，ある開区間で f が最大値をもつということであるから

$$\exists x \exists y \exists z (y < x \land x < z \land (\forall u (y < u \land u < z \to fu \leq fx)))$$

という論理式が，極大値をもつことに対応する．

次に f が連続であることに対応する閉論理式を書こう．複雑な論理式は少しずつ書くのが正確に書くために必要である．

$$\boldsymbol{d}ab < d \to \boldsymbol{d}\boldsymbol{f}a\boldsymbol{f}b < e$$

は a と b の距離が d 未満なら fa と fb の距離が e 未満であるということを書いている．

$$\forall y (\boldsymbol{d}ay < d \to \boldsymbol{d}\boldsymbol{f}a\boldsymbol{f}y < e)$$

これにより，初めの式がすべての b について成立することを表している．f が a で連続であるということは

$$\forall u(0<u \to \exists v(0<v \land \forall y(d\boldsymbol{a}y<v \to d\boldsymbol{f}\boldsymbol{a}\boldsymbol{f}y<u)))$$

となる．f が全域で連続であることは

$$\forall x \forall u(0<u \to \exists v(0<v \land \forall y(dxy<v \to d\boldsymbol{f}x\boldsymbol{f}y<u)))$$

となる．f が一様連続であることは，一様性一般について述べたときのように，$\forall$ と $\exists$ の順序の入れ換えが対応しているはずである．このような形式的な見方で見てみよう．$\forall u$ と $\exists v$ を入れ換えると定数関数以外には満たさない性質となってしまう．収束の例のときに述べたように，この論理式で $\forall x$ と $\forall u$ は順番を入れ換えても論理的に同値であるから，この順序を入れ換え $\forall x$ と $\exists v$ を入れ換えることをしてみよう（「論理的に同値」ということの正確な定義は第 4 章「冠頭標準形と否定命題」にある）．

$$\forall u(0<u \to \exists v(0<v \land \forall x \forall y(dxy<v \to d\boldsymbol{f}x\boldsymbol{f}y<u)))$$

これが f が一様連続であるということに対応する論理式である．

第 1 章で一様収束の例を述べたとき書いたものは，記法としてここに述べたものと違うだけでない．そこに書いたことは，この例に即していえば，構造 $(*)$ で閉論理式が成り立つことを書いたものである．第 1 章のように，この例を書けば

$$\forall \varepsilon > 0 \exists \delta > 0 \forall x \forall y(|x-y|<\delta \to |f(x)-f(y)|<\delta)$$

となる．これは前述の論理式が構造 $(*)$ で成り立っていることを書いているもので，これを論理式であると見ようとすると，対応する形式体系は集合論であり，その論理式として書くべきものを多少簡便に書いているということになる．このことについては，第 10 章「数理論理学と数学」に関連事項を述べる．

(9) 今までの例では代数構造，順序構造，グラフ構造と呼ばれるもので数学を学んでいる人にはなじみのものであるが，構造のなかにはもっと複雑でこの

世のものとは思えないような構造もある．その最たるものとして集合論のモデルとなっているような構造がある．

つまり，$R \subseteq A \times A$ である R について構造 (A, R) が集合論のすべての公理あるいはかなり多くのものを満たしているような場合である．するとこの構造のなかでは，自然数の定義から始め，有理数を定義しデデキントの切断を実行して実数が定義でき，その他微分積分などが実行できる．さてこの構造の中で展開されている数学は通常のものとどういうつながりがあるのだろうか？このことに答えるにはかなりの準備が必要で，残念ながらこの本の中で十分に答えることができない．思わせぶりをしただけのようで恐縮だが，大ざっぱなことは第 10 章「数理論理学と数学」で述べる．また，それを利用することについては第 11 章「超準解析の応用」で実行する．

(量化子の使い方について)

(8) で述べていることと関係することだが，量化子 ($\forall, \exists$) の使い方について注意をしておく．構造を定め論理式をそこで解釈するというときは正式の書き方をすべきであるが，ものごとを正確に述べるために論理記号を使う場合がある．たとえば，整数論に関する性質を考えている場合でも，「すべての偶数について $\cdots$」あるいは「ある正整数があって $\cdots$」というようなことを述べることはよくある．このようなとき

$$\forall x (Px \to \cdots)$$
$$\exists x (Px \wedge \cdots)$$

という形式の論理式で表すことになる．このような使いかたは頻繁にあるので，すでに使っているが，略式の使い方

$$\forall \varepsilon > 0 \exists \delta > 0 \cdots$$

のように Px の部分を量化子に融合する記法で書くと論理式の内容が読み取りやすい．たとえば

$$\forall x^P \cdots, \quad \exists x^P \cdots$$

第 2 章　論理式の解釈と構造　　　　　　　　　　　　　　　　　　　33

をそれぞれ

$$\forall x(Px \to \cdots), \quad \exists x(Px \wedge \cdots)$$

の代わりに使うと便利である．上記の形の双対的なものとして

$$\forall x(Px \wedge \cdots), \quad \exists x(Px \to \cdots)$$

の形の論理式がある．$\forall x(Px \wedge \cdots)$ はともかく，$\exists x(Px \to \cdots)$ はまず使わない．もちろん論理式であるから，解釈しようとすればできるわけだが，そのまま解釈するのは著者はしたくない．一般に

$$\forall x(A \wedge B), \quad \exists x(A \vee B)$$

はそれぞれ

$$\forall xA \wedge \forall xB, \quad \exists xA \vee \exists xB$$

と論理的に同値であるので，$\exists x(Px \to B)$ は

$$\exists x \neg Px \vee \exists xB$$

と論理的に同値となる．そのためこのような変形をしたものを解釈する方がわかりやすいと思う．

　次に 2 つの構造が同型であるということの定義をしよう．これは群とか環とか順序集合が同型であるということを一般的に述べたものである．

　写像 $\sigma : X \to Y$ が単射とは $\sigma(u) = \sigma(v)$ ならば $u = v$ がすべての $u, v \in X$ について成立することをいい，$\sigma : X \to Y$ が全射とは任意の $w \in Y$ に対しても $\sigma(u) = w$ なる $u \in X$ が存在することをいう．また φ が全射でかつ単射のとき全単射という．

定義 10. 2 つの L-構造 $\mathfrak{A}, \mathfrak{B}$ が同型であるとは次を満たす全単射 $\sigma : |\mathfrak{A}| \to |\mathfrak{B}|$ が存在することである．

(1)　定数記号 c について $\sigma(c^{\mathfrak{A}}) = c^{\mathfrak{B}}$ が成立する．

(2) n-変数関数記号 f について

$$\sigma(f^{\mathfrak{A}}(u_1 \cdots u_n)) = f^{\mathfrak{B}}(\sigma(u_1) \cdots \sigma(u_n))$$

がすべての $u_1, \cdots u_n \in |\mathfrak{A}|$ について成立する．

(3) n-変数述語記号 P について

$$(u_1, \cdots, u_n) \in P^{\mathfrak{A}} \quad \text{と} \quad (\sigma(u_1), \cdots, \sigma(u_n)) \in P^{\mathfrak{B}}$$

が同値であることがすべての $u_1, \cdots u_n \in \mathfrak{A}$ について成立する．

定義から明らかなように，2つの L-構造 $\mathfrak{A}, \mathfrak{B}$ が同型であるとき L のすべての閉論理式 F について $\mathfrak{A} \models F$ と $\mathfrak{B} \models F$ が同値である．「明らか」と書いたが，証明はどうするかということくらいは考えた方がよい．証明は，論理式の複雑さに関する帰納法で

命題 11. $\sigma : \mathfrak{A} \to \mathfrak{B}$ を同型写像とする．論理式 F には $a_1, \cdots, a_n$ 以外に自由変数を含まれていないとする．このとき $u_1, \cdots u_n \in |\mathfrak{A}|$ について

$$\mathfrak{A} \models F[{}^{a_1, \cdots a_n}_{\underline{u_1}, \cdots, \underline{u_n}}] \quad \text{と} \quad \mathfrak{B} \models F[{}^{a_1, \cdots a_n}_{\sigma(u_1), \cdots, \sigma(u_n)}]$$

が同値である．

を示せばよい．この証明は練習問題 [1] とする．

また $|\mathfrak{A}|$ が有限であれば，すべての要素と述語，関数記号の組み合わせが有限であるから，それらの成立，不成立を書き出すことにより次の命題が成立することがわかる．

命題 12. $|\mathfrak{A}|$ が有限である L-構造 $\mathfrak{A}$ に対して次を満たす閉論理式 F が存在する：$\mathfrak{A} \models F$ であり，$\mathfrak{B} \models F$ である L-構造 $\mathfrak{B}$ は $\mathfrak{A}$ と同型である．

たとえば，3元からなる群ならば2変数関数記号 f を使って

$$\exists x \exists y \exists z ((\neg x{=}y \wedge \neg y{=}z \wedge \neg z{=}x \wedge fxx{=}x \wedge fxy{=}y \wedge fyx{=}y$$

$$\land\, fxz{=}z \land fzx{=}z \land fyz{=}x \land fzy{=}x)$$
$$\land\, \forall u(u{=}x \lor u{=}y \lor u{=}z))$$

というように書くことによって命題の閉論理式 F を得ることができる．命題を満たすような F は 1 つの構造に対して無限個あるわけで，上記の場合ならば群の公理を書き，要素がちょうど 3 個あることを意味する閉論理式をつなげればよい．

2 つの構造の同型を証明することは一般に簡単な問題ではないが，定義域が可算の構造については 1 つの原理的な証明方法がある．Back and forth といわれる方法である．ここでは，全順序構造を例にとってその方法を紹介する．

定理 13. 以下の (1) ～ (3) を満たす可算全順序構造 $\mathfrak{A}$ は有理数のなす順序構造 $(\mathbb{Q}, \leq, =)$ と同型である．
 (1) $\forall x \exists y (x{<}y)$;
 (2) $\forall x \exists y (y{<}x)$;
 (3) $\forall x \forall y (x{<}y \rightarrow \exists z (x{<}z \land z{<}y))$.

証明 $u, v \in |\mathfrak{A}|$ について $u <^{\mathfrak{A}} v$ は $\mathfrak{A} \models \underline{u}{<}\underline{v}$ と同値であるとする．$|\mathfrak{A}|$ は可算だから，繰り返しなく数え上げる．つまり $\{u_n : 0 \leq n < \infty\} = |\mathfrak{A}|$ で，$u_m \neq u_n$ $(m \neq n)$ とする．同様に $\{q_n : 0 \leq n < \infty\} = \mathbb{Q}$ で，$q_m \neq q_n$ $(m \neq n)$ とする．$\mathbb{Q}$ の有限部分集合を定義域とする順序を保つ写像 f_n を帰納的に定義する．f_{n+1} は f_n の拡大写像で，

 f_{2n} を定義するときは，q_n がその定義域に入るように，そして
 f_{2n+1} を定義するときは，u_n がその値域に入るように

定義していく．

f_0 の定義域は $\{q_0\}$ で $f_0(q_0) = u_0$ とする．一般に f_{2n-1} が順序保存であるとき，すなわち，$q < q'$ が f_{2n-1} の定義域に入っていれば，$q < q'$ と $f_{2n-1}(q) <^{\mathfrak{A}} f_{2n-1}(q')$ が同値であるとき，f_{2n} を次のように定義する．f_{2n-1} の定義域の元を $<$ の順序に並べて，$c_0 < \cdots < c_k$ とする．もし f_{2n-1} の定義域に q_n が属していれば $f_{2n} = f_{2n-1}$ とする．そうでない場合，$q_n < c_0$,

$c_i < q_n < c_{i+1}$, $c_k < q_n$ のうちどれか1つだけが成立する. $\mathfrak{A}$ の満たす3つの性質から, それぞれの場合, $u < f_{2n-1}(c_0)$, $f_{2n-1}(c_i) < u < f_{2n-1}(c_{i+1})$, $f_{2n-1}(c_k) < u$ が成立する $u \in |\mathfrak{A}|$ が存在する. そのような u を $f_{2n}(q_n)$ とすればよい. たとえば, ある i に対して $c_i < q_n < c_{i+1}$ が成立しているときは

$$f_{2n}(q_n) = u_{m^*} \quad \text{ただし } m^* = \min\{m : f_{2n-1}(c_i) < u_m < f_{2n-1}(c_{i+1})\}$$

と置けばよい.

f_{2n+1} を定義する場合は, f_{2n} の値域に u_n が属するようにする. すでに f_{2n} の値域に u_n が属していれば $f_{2n+1} = f_{2n}$ とし, そうでない場合 f_{2n} の定義域の元を $<$ の順序に並べて, $c_0 < \cdots < c_k$ とし, $u_n < f_{2n}(c_0)$, $f_{2n}(c_i) < u_n < f_{2n}(c_{i+1})$, $f_{2n}(c_k) < u_n$ に応じて q_{m^*} を上記の場合の u_{m^*} のように選べば, 順序を保つ写像として拡張できる.

このように定義した f_n を合わせた写像 $\bigcup_{n=0}^{\infty} f_n$ は, 各々の f_n が単射で順序を保つことから, 単射で順序を保存することが導かれ, u_n が f_{2n+1} の値域に入ることから, 全射であることが導かれる. □

次に自分で論理式による表記の訓練ができるよう半順序構造に関する練習問題の作り方を説明する.

ハッセ図式は普通有限の半順序構造を表記するのに使われる. ここでは無限半順序構造を表記するため拡大解釈し, 平面のグラフをハッセ図式とみなす. たとえば, $\{(x,y) \mid y = x^2\}$ では, $(0,0)$ が最小元であり, $(-1,1)$ と $(2,4)$ は比較不能である.

x-軸と平行な線は何の情報ももたらさないと解釈することにより, すべての平面の部分集合が半順序集合を表していると解釈できる. 正確な定義は以下のとおりである. xy-平面の y-座標への射影を p_y で表す. 平面の部分集合 S の要素 $(x_0, y_0), (x_1, y_1)$ について $(x_0, y_0) < (x_1, y_1)$ であることは, 連続関数 $f : [0,1] \to S$ で $f(0) = (x_0, y_0), f(1) = (x_1, y_1)$ で $p_y \circ f$ が狭義単調増加であるものが存在することである.

例として, $S = \{(x,y) \mid x^2 + y^2 = 1\} \cup \{(x,y) \mid y = x\}$ を考えよう. こ

の半順序構造では最大元, 最小元は存在しない. また $(0,1)$ が極大元であり, $(0,-1)$ が極小元である. これらについて, この構造で成立する閉論理式を素直に書けば,

$$\neg \exists x \forall y (y \leq x), \quad \neg \exists x \forall y (x \leq y),$$

$$\exists x \forall y (x \leq y \rightarrow y = x), \quad \exists x \forall y (y \leq x \rightarrow y = x)$$

となる. 論理式で記述するとき間違いのないようにするには, 概念を少しずつ重ねていくことである. たとえば, 最大元の存在しないことを表すには, a が最大元であることをまず, $\forall y(y \leq a)$ と表し, 次にその存在を $\exists x \forall y(y \leq x)$ と表し, 最後に否定をつける, という手順である. また, この構造にはすべての要素と比較可能な元は存在しない. しかし, うまく 2 元をとれば, すべての要素が, そのどちらかと比較可能となるようにできる.
「すべての要素と比較可能な元は存在しない」という部分は

$$\neg \exists x \forall y (x \leq y \vee y \leq x),$$

「うまく 2 元をとれば, すべての要素が, そのどちらかと比較可能となるようにできる」という部分は

$$\exists x \exists y \forall z ((x \leq z \vee z \leq x) \vee (y \leq z \vee z \leq y))$$

と表される. 自由に平面の部分集合を書き, その半順序構造で成り立つ閉論理式を書くことは論理式でものを表現するよい練習になる. とくに, 2 つの異なる部分集合でその違いを論理式の成立, 不成立で区別することは論理式を書くことの訓練になる.

第 2 章 練習問題

[1] 命題 11 を証明せよ.

[2] 上に説明したように, xy-平面の部分集合をハッセ図式として解釈し半順序構造を表しているものとする. このとき

(A) $\{(x,y) \mid y = x^2\}$;
(B) $\{(x,y) \mid y = x^3 - x^2\}$

の 2 つの半順序構造 (A), (B) について次の各々の閉論理式の (A), (B) における成立, 不成立を答えよ.

(1) $\exists x \forall y (x \leq y)$;
(2) $\exists x \forall y (y \leq x \rightarrow y = x)$;
(3) $\exists x \forall y (x \leq y \rightarrow y = x)$;
(4) $\exists x \exists y \forall z ((z \leq x \vee x \leq z) \wedge (z \leq y \vee y \leq z))$.

[3] [2] と同様の仮定のもと

(C) $\{(x,y) \mid x^2 + y^2 = 1\} \cup \{(x,y) \mid y = x\}$;
(D) $\{(x,y) \mid x^2 + y^2 = 1\} \cup \{(x,y) \mid y = x + \sqrt{2}\}$

の一方の半順序構造で成立し, 他方の半順序構造で不成立である閉論理式をあげよ.

第3章
定義可能集合

前章で定義された L-構造 $\mathfrak{A}$ があるとき，$|\mathfrak{A}|$ の有限直積 $|\mathfrak{A}|^n$ の部分集合には，L の論理式で定義できるものとできないものがある．このことは L-構造という概念を導入するとすぐに問題となる概念であるので，この章で簡単な基本的な例について説明する．この章でも，述語記号 $=$ は常に $=$ 解釈が与えられていることとする．

定義 14. $\mathfrak{A}$ を L-構造，n を自然数とする．部分集合 $S \subseteq |\mathfrak{A}|^n$ が $\mathfrak{A}$ で定義可能とは，ある L-論理式 F が存在し，$(u_1,\cdots,u_n) \in S$ と

$$\mathfrak{A} \models F[{}^{a_1,\cdots,a_n}_{u_1,\cdots,u_n}]$$

がすべての $(u_1,\cdots,u_n) \in |\mathfrak{A}|^n$ について同値であることである（ただし，F には $a_1,\cdots,a_n$ 以外の自由変数は現れない）．

$A \subseteq |\mathfrak{A}|$ のとき，部分集合 $S \subseteq |\mathfrak{A}|^n$ が $\mathfrak{A}$ で A-定義可能とは，ある L-論理式 F と $v_1,\cdots,v_m \in A$ が存在し，$(u_1,\cdots,u_n) \in S$ と

$$\mathfrak{A} \models F[{}^{a_1,\cdots,a_n,b_1,\cdots,b_m}_{u_1,\cdots,u_n,v_1,\cdots,v_m}]$$

がすべての $(u_1,\cdots,u_n) \in |\mathfrak{A}|^n$ について同値であることである（ただし，F には $a_1,\cdots,a_n,b_1,\cdots,b_m$ 以外の自由変数は現れない）．

誤解の可能性のないときは「$\mathfrak{A}$ で定義可能」「$\mathfrak{A}$ で A-定義可能」の代わりに単に「定義可能」「A-定義可能」という．一般に，空集合と $|\mathfrak{A}|^n$ は定義可能である．

前章の例の (3) ($\mathbb{N}, \leq, =$) について考察しよう．まず $\{1\}$ は論理式 $\forall x(a \leq x)$ を考えれば定義可能である．$\{2\}$ も

$$\forall x(\forall y(x \leq y) \to \neg a \leq x) \land \forall x(\neg \forall y(x \leq y) \to a \leq x)$$

とすることによって定義可能となる．帰納的に論理式を構成すれば一般に，一元集合 $\{n\}$ は定義可能である．このことから，有限部分集合および有限集合の補集合は定義可能となる．それ以外の集合は，定義可能ではない．この定義可能にならないということの証明は簡単に述べることができないので，第 8 章「初等部分構造について」で述べる．

($\mathbb{Z}, \leq, =$) について考察しよう．この場合 $S \subseteq \mathbb{Z}$ で定義可能なのは，$S = \emptyset$ か $S = \mathbb{Z}$ のときだけである．一般に後で述べる上記の事実を含めて，定義可能でないことを示すのには次の命題が有効である．証明は命題 11 から明らかである．

命題 15. $S \subseteq |\mathfrak{A}|^n$ が $\mathfrak{A}$ で定義可能とすると，任意の自己同型写像 $\sigma : \mathfrak{A} \to \mathfrak{A}$ に対して，

すべての $u_1, \cdots, u_n \in |\mathfrak{A}|$ について $(u_1, \cdots, u_n) \in S$ と $(\sigma(u_1), \cdots, \sigma(u_n)) \in S$ が同値

が成り立つ．

さて，$S \subseteq \mathbb{Z}$ が ($\mathbb{Z}, \leq, =$) で定義可能で，$m \in S$ で $n \notin S$ と仮定する．

$$\sigma(k) = k - m + n$$

とすれば，σ は ($\mathbb{Z}, \leq, =$) の自己同型写像となるが，$\sigma(m) = n$ だから，命題 15 に矛盾する．これで，$S = \emptyset$ または $S = \mathbb{Z}$ であることがわかる．

($\mathbb{Q}, \leq, =$)，($\mathbb{R}, \leq, =$) の場合も ($\mathbb{Z}, \leq, =$) と同様である．有限集合 $A \neq \emptyset$ について A-定義可能性を考察すると，($\mathbb{Z}, \leq, =$) の場合は ($\mathbb{N}, \leq, =$) に似ており，($\mathbb{Q}, \leq, =$)，($\mathbb{R}, \leq, =$) とは異なってくることがわかるが，これは読者の考察にまかせよう．

第3章 定義可能集合

前章の例の (4) $(\mathbb{N}, +, =)$ について考察しよう．偶数の全体は，

$$\exists x(x+x=a)$$

によって定義できる．補集合は否定をつけた論理式で定義できるから奇数の全体の集合も定義できる．偶数の定義と同様の仕方で，自然数 n の倍数の全体も定義可能である．また，$\{1\}$ は

$$\neg \exists x \exists y(x+y=a)$$

で定義可能である．

$(\mathbb{Z}, +, =)$ の場合は，$\{0\}$ は

$$\forall x(x+a=x)$$

で定義可能であり，偶数などについては $(\mathbb{N}, +, =)$ と同様であるが，$\{1\}$ は定義可能ではない．

$$\sigma(n) = -n, \quad (n \in \mathbb{Z})$$

によって定義される σ が自己同型写像であるからである．$(\mathbb{Q}, +, =)$，$(\mathbb{R}, +, =)$ は群の構造があるので，単位元だけからなる集合，つまり $\{0\}$ は $(\mathbb{Z}, +, =)$ の場合と同じ論理式で定義可能である．しかし，共に 0 以外の任意の 2 要素 u, v について $\sigma(u)=v$ となる自己同型写像があるので，定義可能集合は，どちらの構造の場合も $\{0\}$ と空集合およびそれらの補集合の 4 つの集合だけとなる．

前章の例の (6) の構造，つまり環の構造に関しては，いくらでも難しい問題がある．これらの構造の定義可能集合のうち，対応する論理式に量化子がないものが，代数的集合であるから，ここには代数幾何の問題がいくらでもからんでくる．以下では，$\mathbb{Z}, \mathbb{Q}, \mathbb{R}$ それぞれが和と積の演算をもつ 3 つの構造 $\mathfrak{Z}, \mathfrak{Q}, \mathfrak{R}$ (第 2 章参照) について通常の順序 $\leq$ が定義可能か？という問題について知られている結果を述べる．$\mathfrak{R}$ の場合がもっとも簡明である．

$$\{(u, v) \mid \mathfrak{R} \models \exists x(\underline{v} = \underline{u} + x \cdot x)\}$$

が通常の順序関係となっている．つまり正の数であることが定義可能となっている．しかし，$\mathfrak{Q}$ で同じ論理式を解釈すると全く異なったものとなってしまう．ラグランジュの 4 平方数定理，つまり自然数は 4 つ以下の平方数の和となるということが知られている．これを使えば $\mathfrak{Z}$ では

$$\{(u,v) \mid \mathfrak{Z} \models \exists x \exists y \exists z \exists w (\underline{v} = \underline{u} + x \cdot x + y \cdot y + z \cdot z + w \cdot w)\}$$

によって通常の順序 $\leq$ が定義可能となる．Hasse-Minkowski の定理を使うことにより $\mathfrak{Q}$ で整数全体 $\mathbb{Z}$ が定義可能となる (Julia Robinson による)．それを併せることにより，$\mathfrak{Q}$ でも通常の順序 $\leq$ が定義可能となることが知られているが，その論理式は $\mathfrak{R}$ の場合に比べると，ずっと複雑なものとなる．

第 3 章 練習問題

[1] 第 2 章で説明したように，xy-平面のグラフを半順序構造を表現しているものとみなす．

$$\{(x,y) \mid y = x^3 - x^2\}$$

の点 p について，1 点集合 $\{p\}$ が定義可能であるとすると，$p = (0,0)$ または $p = (2/3, -4/27)$ であることを示せ．

[2] 第 2 章，例 (7) の無向グラフ (1) および (2) において，それぞれのグラフで 1 点集合 $\{p\}$ が定義可能となる点 p はどれか？

第4章
冠頭標準形と否定命題

　論理式の中には，形が違っていても論理的に同等であるといわれているものがある．この章では論理式が常に論理的に同等な冠頭標準形に変換できることを示し，否定命題の冠頭標準形について基本的なことを説明する．

　まず，2つの L-論理式 A, B が，論理的に同値であるとは，これらの論理式に $a_1, \cdots, a_n$ 以外の自由変数が現れないとき，任意の L-構造 $\mathfrak{A}$ とその要素 $u_1, \cdots, u_n$ について $\mathfrak{A} \models A[\frac{a_1, \cdots, a_n}{u_1, \cdots, u_n}]$ と $\mathfrak{A} \models B[\frac{a_1, \cdots, a_n}{u_1, \cdots, u_n}]$ が同値であることである．

　定義からすぐわかることであるが，2つの L-論理式 A, B が，論理的に同値であるという関係は，同値関係である．L-論理式 A が冠頭標準形であるとは，一口にいえば，$\exists$ と $\forall$ を含まない論理式の前に $\exists$，$\forall$ と束縛変数をつけてできる論理式である．

定義 16. (1) F が $\exists, \forall$ を含まない論理式のとき F は冠頭標準形である．

(2) F が冠頭標準形のとき，$\forall x F[\frac{a}{x}]$ と $\exists x F[\frac{a}{x}]$ は冠頭標準形である．

　つまり冠頭標準形の論理式は $q_1, \cdots, q_n$ をそれぞれ $\forall$ または $\exists$ としたとき

$$q_1 x_1 \cdots q_n x_n A$$

(ただし A には $\forall$ または $\exists$ が現れない)

という形をしている．

　次の補題は

$$\int_0^1 \sin x \, dx = \int_0^1 \sin y \, dy$$

の成立に対応している．

補題 17. F を $L(\mathfrak{A})$ の論理式とし，$x_1, \cdots, x_m, y_1, \cdots, y_m$ を束縛変数とし，$y_1, \cdots, y_m$ は F に現れないとする．また $x_1, \cdots, x_m$ は相異なり，$y_1, \cdots, y_m$ も相異なるとする．このとき，$F[{}^{x_1,\cdots,x_m}_{y_1,\cdots,y_m}]$ と F は論理的に同値である．

証明 まず $F[{}^{x_1,\cdots,x_m}_{y_1,\cdots,y_m}]$ が論理式となるということを初めにチェックする．F に現れる量化子の個数に関する帰納法で証明する．量化子が現れないときは F が論理式であることから，束縛変数は F に現れないので，$F[{}^{x_1,\cdots,x_m}_{y_1,\cdots,y_m}] \equiv F$ となり論理式である．一番外側の論理記号が量化子でないときは帰納法の仮定から，直接に論理式であることを示せる．$F \equiv \forall x G$ のときのみ証明する．F に現れない自由変数を a とする．系 7 によって $G[{}^x_a]$ は論理式である．帰納法の仮定から

$$G[{}^x_a][{}^{x_1,\cdots,x_m}_{y_1,\cdots,y_m}]$$

は論理式である．x が $x_1, \cdots, x_m$ と異なる束縛変数であるときは

$$F[{}^{x_1,\cdots,x_m}_{y_1,\cdots,y_m}] \equiv \forall x G[{}^x_a][{}^{x_1,\cdots,x_m}_{y_1,\cdots,y_m}]$$

であるから $F[{}^{x_1,\cdots,x_m}_{y_1,\cdots,y_m}]$ は論理式である．

$x \equiv x_i$ のとき，x_i は $G[{}^x_a]$ に現れないので，$(G[{}^x_a][{}^{x_1,\cdots,x_m}_{y_1,\cdots,y_m}])$ に y_i は現れない．よって

$$F[{}^{x_1,\cdots,x_m}_{y_1,\cdots,y_m}] \equiv \forall y_i (G[{}^x_a][{}^{x_1,\cdots,x_m}_{y_1,\cdots,y_m}])[{}^a_{y_i}]$$

の右辺，つまり左辺は論理式である．

束縛変数が現れるとき，その束縛変数に定数を代入してできる閉論理式の成立，不成立によって定義されるので，束縛変数が異なることは成立，不成立に関与しないので結論を得る． □

次の 2 つの補題は構造での解釈の定義において束縛変数がどのように取り扱われているかを見れば明らかなので証明は省略する．

第 4 章 冠頭標準形と否定命題

補題 18. $\forall xF$ および $\exists xF$ が L-論理式であるとする．このとき $\neg \forall xF$ は $\exists x \neg F$ と，$\neg \exists xF$ は $\forall x \neg F$ と論理的に同値である．

補題 19. $\forall xF$ および $\exists xF$ が L-論理式であるとする．L-論理式 G に変数 x が現れなければ，次の各々の論理式は論理的に同値である．

(1) $\exists xF \wedge G$ と $\exists x(F \wedge G)$; $G \wedge \exists xF$ と $\exists x(G \wedge F)$;
(2) $\exists xF \vee G$ と $\exists x(F \vee G)$; $G \vee \exists xF$ と $\exists x(G \vee F)$;
(3) $\exists xF \to G$ と $\exists x(F \to G)$; $G \to \exists xF$ と $\exists x(G \to F)$;
(4) $\forall xF \wedge G$ と $\forall x(F \wedge G)$; $G \wedge \forall xF$ と $\forall x(G \wedge F)$;
(5) $\forall xF \vee G$ と $\forall x(F \vee G)$; $G \vee \forall xF$ と $\forall x(G \vee F)$;
(6) $\forall xF \to G$ と $\forall x(F \to G)$; $G \to \forall xF$ と $\forall x(G \to F)$.

論理式 F, G が論理的に同値であれば，次の章に現れる証明の形式体系において，$F \to G$ および $G \to F$ において証明することができる．このことは，第 6 章で述べる完全性定理の帰結でもある．

> **(注意)** 補題 19 において，x が G に現れている場合，$\exists xF \wedge G$ は論理式であるが，$\exists x(F \wedge G)$ は論理式ではない．これは論理式の定義 5 で，この要請をしているからで，多くの本では $\exists x(F \wedge G)$ も論理式である．これを論理式として認めない理由は，この本では変数の代入に関して簡明なものを採用したためである．$\exists x(F \wedge G)$ も論理式であるように定義すると，変数に関する「自由出現」「束縛出現」「変数の有効範囲」などの概念が必要となり，代入は論理式の構成に関する帰納的な定義となる．

定理 20. 任意の L-論理式に対して論理的に同値な冠頭標準形である L-論理式が存在する．

証明 論理式に含まれる論理記号の個数に関する帰納法で証明する．論理記号がないときは，それ自身，冠頭標準形なのでよい．

F が冠頭標準形 F' と論理的に同値とする．$\neg F$ は $\neg F'$ と論理的に同値であるから，補題 18 を繰り返し適用すれば，$\neg F$ と論理的に同値な冠頭標準形である論理式を得る．

$F \wedge G, F \vee G, F \to G$ に関しては，補題 17 を使うことにより，F, G がそれぞれ冠頭標準形 F', G' と論理的に同値で，F' と G' に共通に現れる束縛変数はないとしてよい．つまり $x_1, \cdots, x_m$ が互いに異なる束縛変数で $q_1, \cdots, q_m$ がそれぞれ $\forall$ または $\exists$ であり，

$$F' \equiv q_1 x_1 \cdots q_n x_n A, \quad G' \equiv q_{n+1} x_{n+1} \cdots q_m x_m B$$

となっている (ただし A, B には $\forall$ または $\exists$ が現れない). この条件のもとで，$F' \wedge G', F' \vee G', F' \to G'$ に補題 19 を繰り返し適用すれば，$F \wedge G, F \vee G, F \to G$ とそれぞれ論理的に同値な冠頭標準形である論理式

$$q_1 x_1 \cdots q_n x_n q_{n+1} x_{n+1} \cdots q_m x_m (A \wedge B)$$
$$q_1 x_1 \cdots q_n x_n q_{n+1} x_{n+1} \cdots q_m x_m (A \vee B)$$
$$q_1 x_1 \cdots q_n x_n q_{n+1} x_{n+1} \cdots q_m x_m (A \to B)$$

を得る． □

　この章で冠頭標準形の考察を通して，論理的に同値な論理式という概念を扱った．このことについて，もう少し考えてみよう．少なくとも，数学の中では論理的に同値な命題は，同じもの，あるいは同等のものとされ，一方が成立するときに他方が不成立ということは決してないものと思われている．しかし，実際にその論理式を読むとき，わかりやすいものと，わかりにくいものがあり，考察のしようのないものと，考察の対象となりやすいものがある．ここでは，否定命題に限って例に沿って考えてみよう．以前に述べた関数列 $(f_n : n \in \mathbb{N})$ の各点収束と一様収束である．

　各点収束をしないということは，冠頭標準形で論理的に同値な論理式は

$$\exists x \exists \varepsilon > 0 \forall m \exists n \geq m \neg(|f_n(x) - f(x)| < \varepsilon)$$

となる．ここで，実数全体が全順序であることを使い，$\neg(|f_n(x) - f(x)| < \varepsilon)$ と $|f_n(x) - f(x)| \geq \varepsilon$ が同値であるので，

$$\exists x \exists \varepsilon > 0 \forall m \exists n \geq m (|f_n(x) - f(x)| \geq \varepsilon)$$

第4章 冠頭標準形と否定命題

と同値ということになる (ここでは,全順序ということを使っているので論理的に同値とはいわない.また,これらを自然に解釈する構造というには,第2章の例 (8) に述べたような集合論の構造となる).ある x_0 と $\varepsilon_0 > 0$ が存在して,

$$\forall m \exists n \geq m (|f_n(x_0) - f(x_0)| \geq \varepsilon_0)$$

が成立するということになる.これは,

$$|f_n(x_0) - f(x_0)| \geq \varepsilon_0$$

が成立する n が無限個あるということである.

一様収束しないという方も同様に冠頭標準形にして考察すると次のようになる.ある $\varepsilon_0 > 0$ が存在して,

$$\exists x (|f_n(x) - f(x)| \geq \varepsilon_0)$$

が成立する n が無限個あるということになる.この論理式の中の x は n によって異なる可能性があるところが,各点収束と異なるところである.

この例は,純粋に論理のみに係わるものではないが,数学を学ぶ際のいろいろな重要な側面を含むものであるので論理式で書くことと,それを読んで理解するが大切である.

数学の中に現れる命題あるいは法律などに現れる命題を冠頭標準形に変形する際よく間違える場合について注意しよう.命題を論理式で表現すれば,この章で述べた方法で論理的に同値となる冠頭標準形の論理式に変形できる.しかし,各点収束にしても一様収束にしても $\forall x$ をともなって表現されていれば間違わないが,一般に「任意」の場合省略される傾向がある.そのためそこを書かないと

$$\forall \varepsilon > 0 \exists m \forall n \geq m (|f_n(x) - f(x)| < \varepsilon)$$

となり,各点収束と一様収束の区別はなくなってしまう.もちろん,この時点でも問題なのだが,そこはすでに頭のなかで区別していれば済むことである.しかし,否定命題を考える段になれば論理記号を使った表現にして,これを自動

的に変形して考えることが多いと思う．そのようなとき，間違いなく混乱を起こすことになる．

　同値な命題というなかには，数学のいろいろな理論を使って同値が示されている場合がある．そのような場合，どの公理を使って同値がいえているかは必ずしも簡単にわかることではない．極端な話，証明できるすべての命題は同値である．そのようなわけで，数学のいろいろな理論を使って同値が示されている場合に論理的に同値であるという表現はふさわしくない．

第5章

証明と推論規則

　我々はすでに構造での解釈を通じて論理式の成立あるいは不成立を考察した．しかし，我々は論理式についてまだ証明というものを扱っていない．この章においてそれを考察しよう．

　我々が日常生活で証明するとか証明されたとかいう場合の'証明'と，ピタゴラスの定理つまり「直角三角形の斜辺の二乗は他の辺の二乗の和に等しい」ということを証明するという場合の'証明'とでは，同じ証明といってもその意味が違う．自分のアリバイの証明とか地球が丸いということの証明というのとピタゴラスの定理の証明というのでは証明といっても異質なものである．ピタゴラスの定理の証明は，他のものと違い厳格に論理的な証明あるいは数学的な証明というべきものである．この違いについてはもっと長く詳しく説明しなければならないことであるのかもしれないが，それはこの本のなかですべきこととは思えないのでこの辺できりあげる．ただこの違いが数学における証明と他の学問，数理科学，物理学，社会科学などでの証明との明確な違いである．

　このようなわけで数学においては証明が正確であるということは極めて重要なことであり，そのため論文の出版にはレフリーが証明をチェックするという手順を踏むことになっている．それにもかかわらず，出版された証明に誤りがあったり結論自体に誤りがあり反例が示されるということもそんなに稀なことではない．それはレフリーという人間によってチェックがなされること，また通常数学の証明は前の章で述べた厳格一点ばりの論理式を使って記述されておらず，機械的な証明のチェックも現状では遠い将来のことであることなどの事情

第5章 証明と推論規則

による．この厳格をモットーとする数学における証明の最終的な基盤がこれから説明する形式化された証明である．前に論理式の章で述べたことと同じように，この厳格一本槍の形式化された証明というのは通常の数学のなかで決して実行されないし，もし実行された場合，それを読むのはコンピューター以外に不可能であるといったものになる．このような形式論理の体系が確立されたのは長い数学の歴史からいえばつい最近のことで，それまでは相当に怪しい，つまり怪析学ともいうべきものもあったのである．近代数学といわれるものが現れてきてからの数学の証明は，原理的には，この厳格一本槍の形式化された体系のなかで展開されうるものとなり，かつそこからはみ出す推論は論理的でない間違ったものとされるようになっている．つまりこれから述べる形式化された体系は，厳密な学問とされる数学における証明の最終的拠り所といえる．

さて第1章で論理式は定義されているが，この論理式に関する証明や推論規則をどのように決めるかということは自然に決まっていることではない．第2章で定義した構造の理論に対応するものは古典述語論理と呼ばれるものであるが，その古典述語論理に限ってもいろいろな推論形式が知られている．我々はこの中で Gentzen の定義した LK と呼ばれる体系について述べる．LK は論理計算といった意味のドイツ語の省略で，数々ある述語論理の演繹体系の中で一番美しく機能的な体系である．一般に数理科学において美しいものは，何か意味がありよく機能するものであるという感覚がある．そこでこの感覚を重んじこの LK について説明する．

論理式の有限列 $A_1, \cdots, A_n$ を，$\Gamma, \Pi, \Delta, \Lambda$ などで表す．この LK では

$$A_1, \cdots, A_m \vdash B_1, \cdots, B_n$$

というもの（以下これを式と呼ぶ）が対象となる．後でわかることであるが，この式に込められている気持ちは「$A_1, \cdots, A_m$ のすべてが成立しているとき $B_1, \cdots, B_n$ のうちどれかが成立する」ということである．また $m = 0$ または $n = 0$ つまり $A_1, \cdots, A_m$ あるいは $B_1, \cdots, B_n$ が空列である場合も含めて取り扱っている．

公理は論理式 A について

第5章 証明と推論規則

$$A \vdash A$$

である．

推論規則は式の構造についての推論と各々の論理記号に関連しての推論に分けられ，横線の上にある1つあるいは2つの式（上式）から横線の下にある1つの式（下式）を導くという形式である．まず式の構造についての推論規則について述べる．

増：

左： $\dfrac{\Gamma \vdash \Delta}{A, \Gamma \vdash \Delta}$, 右： $\dfrac{\Gamma \vdash \Delta}{\Gamma \vdash \Delta, A}$

減：

左： $\dfrac{A, A, \Gamma \vdash \Delta}{A, \Gamma \vdash \Delta}$, 右： $\dfrac{\Gamma \vdash \Delta, A, A}{\Gamma \vdash \Delta, A}$

換：

左： $\dfrac{\Gamma, A, B, \Pi \vdash \Delta}{\Gamma, B, A, \Pi \vdash \Delta}$, 右： $\dfrac{\Gamma \vdash \Delta, A, B, \Lambda}{\Gamma \vdash \Delta, B, A, \Lambda}$

三段論法：

$$\dfrac{\Gamma \vdash \Delta, A \quad A, \Pi \vdash \Lambda}{\Gamma, \Pi \vdash \Delta, \Lambda}$$

次に論理記号に関する推論規則について述べる．

¬-左： $\dfrac{\Gamma \vdash \Delta, A}{\neg A, \Gamma \vdash \Delta}$ ¬-右： $\dfrac{A, \Gamma \vdash \Delta}{\Gamma \vdash \Delta, \neg A}$

∧-左： $\dfrac{A, \Gamma \vdash \Delta}{A \wedge B, \Gamma \vdash \Delta}$ および $\dfrac{B, \Gamma \vdash \Delta}{A \wedge B, \Gamma \vdash \Delta}$

∧-右： $\dfrac{\Gamma \vdash \Delta, A \quad \Pi \vdash \Lambda, B}{\Gamma, \Pi \vdash \Delta, \Lambda, A \wedge B}$

∨-左： $\dfrac{A, \Gamma \vdash \Delta \quad B, \Pi \vdash \Lambda}{A \vee B, \Gamma, \Pi \vdash \Delta, \Lambda}$

∨-右 : $\dfrac{\Gamma \vdash \Delta, A}{\Gamma \vdash \Delta, A \vee B}$ および $\dfrac{\Gamma \vdash \Delta, B}{\Gamma \vdash \Delta, A \vee B}$

→-左 : $\dfrac{\Gamma \vdash \Delta, A \quad B, \Pi \vdash \Lambda}{A \to B, \Gamma, \Pi \vdash \Delta, \Lambda}$

→-右 : $\dfrac{A, \Gamma \vdash \Delta, B}{\Gamma \vdash \Delta, A \to B}$

∀-左 : $\dfrac{A[{}^a_t], \Gamma \vdash \Delta}{\forall x A[{}^a_x], \Gamma \vdash \Delta}$ ∀-右 : $\dfrac{\Gamma \vdash \Delta, A}{\Gamma \vdash \Delta, \forall x A[{}^a_x]}$

ただし，自由変数 a は下式に現れない．

∃-左 : $\dfrac{A, \Gamma \vdash \Delta}{\exists x A[{}^a_x], \Gamma \vdash \Delta}$ ∃-右 : $\dfrac{\Gamma \vdash \Delta, A[{}^a_t]}{\Gamma \vdash \Delta, \exists x A[{}^a_x]}$

ただし，自由変数 a は下式に現れない．

上記の推論規則の中に現れる $\forall x A[{}^a_x]$, $A[{}^a_t]$ などは，論理式となっているということが前提であることに注意する．∀-右，∃-左にある自由変数に関する条件を変数条件と呼ぶ．各々の推論について説明しよう．式に込められている気持ち「$A_1, \cdots, A_m$ のすべてが成立しているとき $B_1, \cdots, B_n$ のうちどれかが成立する」を考えると，式の構造に関する推論で増は左の場合仮定を強くすることで右の場合結論を弱めることである．また減と換は仮定と結論の強さを変えないので妥当であろう．三段論法は前の推論の結論を仮定して次の結論が出てきた場合，前の仮定から最終的な結論が導かれたことになるということ，つまり $A \to B$ と $B \to C$ から $A \to C$ を得る推論を多少一般的に表している．この妥当性は昔々の論理学の中で一番確かな推論とされたものである．

次に論理記号に関する推論の気持ちを簡単な場合に限って説明する．

第5章 証明と推論規則

¬-左は A が結論されるとき，仮定に $\neg A$ をつけ加えれば矛盾するということに対応する．¬-右は A から B が結論されるとき，何の仮定もなしに $\neg A$ または B が成立することに対応する．

∧-左は仮定の A を $A \wedge B$ にすれば同じ結論を得る，また仮定の B を $A \wedge B$ にしてもやはり同じ結論を得るということに対応する．∧-右は同じ仮定のもとに A が導かれ B も導かれれば $A \wedge B$ を結論するということに対応する．

論理記号 $\vee, \rightarrow$ についての説明は省略し，束縛記号 $\forall, \exists$ についての推論について説明する．∀-左は「すべての x について A が成立すれば $A[\begin{smallmatrix}x\\t\end{smallmatrix}]$ が成立する」を推論規則としたものである．推論規則をそのまま解釈すれば，$A[\begin{smallmatrix}x\\t\end{smallmatrix}]$ の仮定から成立することは $\forall x A$ のもとに成立するということである．また，∃-右は「$A[\begin{smallmatrix}x\\t\end{smallmatrix}]$ が成立するとき $\exists x A$ が成立する」を推論規則としたものである．推論規則として説明を要しないであろう．

LK の推論について，もっとも注意を要するのが ∀-右および ∃-左である．これらの推論においては自由変数 a についての変数条件がある．自由変数 a を含まないいくつかの論理式から A が導かれたとき，それはすべての x について $A[\begin{smallmatrix}a\\x\end{smallmatrix}]$ が成立することが導かれたことになる．このことを推論規則としている．この変数についての条件が必要であることは，$a = 0 \rightarrow a = 0$ から $a = 0 \rightarrow \forall x(x = 0)$ を導くのが誤りであることからも明らかである．

$\exists x A$ という条件を与えられたとき，我々はその存在するものを a と置く，という操作をする．∃-左は，この操作の後，導かれた結果に a を含まなければ $\exists x A$ という条件から導かれた結論とする，ということを意味している．また ∃-左の場合は下式が a を含まないという条件が必要であるのは，上記の ∀ に関するものの双対で $a = 0 \rightarrow a = 0$ から $\exists x(x = 0) \rightarrow a = 0$ を導くのが誤りであることからわかる．

さて推論規則が妥当であろうということは説明したが，このことを第6章「完全性定理」で「証明できることは正しい」という事実を証明することにより，もっと正確に述べることになる．また，推論体系としてこれで十分なのであろうか？ ということも問題であるが，推論規則がこれらで十分であることが完全性定理によって保証される．この証明も第6章「完全性定理」で述べる．

LK の公理という場合，閉論理式ではなく，

$$A \vdash A$$

の形の式のことをいう．ある公理系 $\mathcal{T}$ から A が証明できるということに対応するものは，$\mathcal{T}$ に含まれる論理式 $A_1, \cdots, A_m$ があって

$$A_1, \cdots, A_m \vdash A$$

が終式となる，以下の意味での LK の証明図が存在することをいう．

LK の証明図はいくつかの公理の式から始まり，いくつかの推論の積み重ねによって 1 つの式に至るものである．たとえば次の図のようなものである．

$$\cfrac{\cfrac{\cfrac{\cfrac{A \vdash A}{\neg A \wedge A \vdash A}}{\neg A, \neg A \wedge A \vdash}}{\neg A \wedge A, \neg A \wedge A \vdash}}{\neg A \wedge A \vdash}$$

証明図およびその始式，終式の定義は次のものとなる．

(1) 式 $\Gamma \vdash \Delta$ は証明図であり，かつその証明図の始式であり，終式である．

(2) P が証明図で，$\Gamma \vdash \Delta$ がその終式であり

$$\cfrac{\Gamma \vdash \Delta}{\Pi \vdash \Lambda}$$

が推論であるとき，

$$\cfrac{P}{\Pi \vdash \Lambda}$$

は証明図であり，P の始式がその始式であり，$\Pi \vdash \Lambda$ がその終式である．

(3) P_1, P_2 が証明図で，$\Gamma_1 \vdash \Delta_1$ と $\Gamma_2 \vdash \Delta_2$ が各々その終式とする．

$$\cfrac{\Gamma_1 \vdash \Delta_1 \quad \Gamma_2 \vdash \Delta_2}{\Pi \vdash \Lambda}$$

第 5 章 証明と推論規則

が推論であるとき，

$$\frac{P_1 \qquad P_2}{\Pi \vdash \Lambda}$$

は証明図である．P_1 および P_2 の始式がその始式であり，$\Pi \vdash \Lambda$ がその終式である．

ある証明図の始式が，式 $\Gamma \vdash \Delta$ と公理からなり，終式が，$\Pi \vdash \Lambda$ となるとき，

$$\frac{\Gamma \vdash \Delta}{\Pi \vdash \Lambda}$$

で表す．

LK の証明図というとき，証明図のうちすべての始式が公理であるものをいう．論理式 A が LK で証明可能であるとは $\vdash A$ に至る LK の証明図 P が存在することとする (普通，論理式 A が証明可能であることを $\vdash A$ と表記するのでそれとは多少異なった意味ではあるが，内容的には同じことになるのでこの本ではこの使い方をする)．

LK の推論規則のうち，三段論法，∧-右，∨-左，→-左は上式が 2 つある推論規則である．これらの上式に現れる論理式の列 Π, Λ は Γ, Δ で置き換え，さらに下式から取り去った推論規則で置き換えても，ほかの構造に関する推論規則と組み合わせることで本質的に変わらない．たとえば，

$$(*) \quad \frac{\Gamma \vdash \Delta, A \qquad \Gamma \vdash \Delta, B}{\Gamma \vdash \Delta, A \wedge B}$$

という推論規則を ∧-右の代わりにすることを考える．∧-右の推論に対応するものは，増の推論を繰り返し使うことにより 2 つの上式を

$$\Gamma, \Pi \vdash \Delta, \Lambda, A \qquad \Gamma, \Pi \vdash \Delta, \Lambda, B$$

の形にすれば，$(*)$ により ∧-右の下式を得る．一方 $(*)$ は ∧-右の特別な場合である．このように LK の場合，推論規則の見た目は多少簡単にすることでできるが，次に述べる直観主義論理のこともあり，このような形で述べている．

LK の体系で現れる式

$$A_1, \cdots, A_m \vdash B_1, \cdots, B_n$$

において $n = 0$ または 1 という制限をしたもの，つまり右辺には論理式が 1 つあるいはないような式だけを扱う体系は LJ と呼ばれている．この体系は直観主義論理の形式化とされており計算機科学の発展に従って多くの研究がなされている．LJ の大きな特徴は

$$\vdash \neg A \vee A$$

が一般にはできないことである．この形の命題が一般に成り立つことを排中律が成り立つといわれる．とくに，P を n-変数述語とすると

$$\neg P a_1 \cdots a_n \vee P a_1 \cdots a_n$$

は LJ では証明できないことが知られている．これが，直観主義論理では排中律が成り立たないということで表現されていることの形式論理における内容である．LJ の体系で

$$\vdash \neg A \vee A$$

の形の式を公理として認めれば，

$$\vdash \neg \neg A \to A$$

という式が証明でき，逆に

$$\vdash \neg \neg A \to A$$

を始式と認めても

$$\vdash \neg A \vee A$$

が証明できる．ある命題からその二重否定した命題が導かれるのは当然として，もとの命題がその二重否定した命題が導かれるというのは通常の我々の語感にはそぐわない．それが直観主義論理が現れたもとでもあり，排中律と直接関係

する．このような事情で，この本で扱っている古典論理に従う推論が不得意な人が，かなり存在していると著者は感じている．このような人は，数学の証明を考える際，推論規則に制限をつけて考えていることになる．これを克服するには，自分でかなりの訓練をする必要があると思われる．このことについては章末に否定命題についての注意に書いておく．この本ではクリプケ構造と呼ばれる LJ についての構造を述べないこともあり，LJ についてこれ以上深く立ち入らない．

初めに
$$A_1, \cdots, A_m \vdash B_1, \cdots, B_n$$
に込められている気持ちは，「$A_1, \cdots, A_m$ のすべてが成立しているとき $B_1, \cdots, B_n$ のうちどれかが成立する」ということであると述べたが，このこと自体は次の章で述べることになるが，このことと関係することとして次のことを証明する．

命題 21. (1) $\dfrac{A, B, \Gamma \vdash \Delta}{A \wedge B, \Gamma \vdash \Delta}$ であり $\dfrac{A \wedge B, \Gamma \vdash \Delta}{A, B, \Gamma \vdash \Delta}$ である．

(2) $\dfrac{\Gamma \vdash \Delta, A, B}{\Gamma \vdash \Delta, A \vee B}$ であり $\dfrac{\Gamma \vdash \Delta, A \vee B}{\Gamma \vdash \Delta, A, B}$ である．

(3) $\dfrac{A, \Gamma \vdash \Delta, B}{\Gamma \vdash \Delta, A \to B}$ であり $\dfrac{\Gamma \vdash \Delta, A \to B}{A, \Gamma \vdash \Delta, B}$ である．

証明 (1)

$$\dfrac{\dfrac{\dfrac{\dfrac{A, B, \Gamma \vdash \Delta}{A \wedge B, B, \Gamma \vdash \Delta}}{B, A \wedge B, \Gamma \vdash \Delta}}{A \wedge B, A \wedge B, \Gamma \vdash \Delta}}{A \wedge B, \Gamma \vdash \Delta}$$

$$\cfrac{\cfrac{\cfrac{A \vdash A}{B, A \vdash A}}{A, B \vdash A} \quad \cfrac{B \vdash B}{A, B \vdash B}}{\cfrac{A, B \vdash A \land B \quad A \land B, \Gamma \vdash \Delta}{A, B, \Gamma \vdash \Delta}}$$

(2) ∨ に関して推論規則は ∧ についての推論規則と対称になっているので，対称な形の証明図が作れる．つまり，(1) の証明を右と左を入れ換えて，∧ を ∨ に入れ換えればよい．

(3) 初めのものは推論規則そのものである．次のものは，以下のとおりである．

$$\cfrac{\Gamma \vdash \Delta, A \to B \quad \cfrac{A \vdash A \quad B \vdash B}{A \to B, A \vdash B}}{A, \Gamma \vdash \Delta, B}$$

□

次の章で使う命題を含め，いくつかの命題を LK に慣れるということのために，証明しよう．

命題 22. 次の論理式は LK で証明可能である．

(1) $(\neg A \lor \neg B) \to \neg(A \land B)$

(2) $\neg(A \land B) \to (\neg A \lor \neg B)$

(3) $(\neg A \lor B) \to (A \to B)$

(4) $(A \to B) \to (\neg A \lor B)$

(5) $\neg A \lor A$

(6) $\forall x A[{}^a_x] \to \exists x A[{}^a_x]$

(7) $\forall x \neg A[{}^a_x] \to \neg \exists x A[{}^a_x]$

(8) $\neg \forall x A[{}^a_x] \to \exists x \neg A[{}^a_x]$

(9) $\exists y (\exists x A[{}^a_x] \to A[{}^a_y])$

証明 (1) 慣れるために，と書いたが，形式的証明を書くのは，LK に限らずその体系に慣れないと一般にかなりてこずるものである．LK の場合は一番外側の論理記号に目をつけ，最後の推論がその論理記号の導入に関する推論であると思うというのが，かなり功を奏す作戦である．とくに，∧, ∨ については，命題 21 によって論理記号の少ない形に置き換えておくのがこの作戦の基本である．また，論理式の順番は換の規則によって無視してよい．'かなり' と書いたのは，いつもこの外側論理記号作戦が功を奏すとは限らない．そのことについては，後に例が現れる．

この場合は外側論理記号作戦一本槍で証明できる．一番外側の論理記号は → であるから，その導入の推論規則が最後に使われたと思えば，

$$\neg A \vee \neg B \vdash \neg(A \wedge B)$$

に至る証明を作ればよい．次は，左辺の ∨ と右辺の ¬ である．右辺の ¬ に目をつけ，

$$A \wedge B, \neg A \vee \neg B \vdash$$

に至る証明を作ればよい．次は，左辺の ∧ と ∨ であるが，命題 21 によって，

$$A, B, \neg A \vee \neg B \vdash$$

に還元する．次は，2 式

$$\neg A, A, B, \vdash \quad と \quad \neg B, A, B \vdash$$

に還元される．それぞれ

$$A, B \vdash A \quad と \quad A, B \vdash B$$

に還元されるが，右辺と左辺に同じ論理式があるので，増左の推論により公理から導かれることがわかる．

(2) 一番外側の論理記号は → であるから，その導入の推論規則が最後に使われたと思えば，

$$\neg(A \wedge B) \vdash \neg A \vee \neg B$$

に至る証明を作ればよい．次は，左辺の¬と右辺の∨である．実は，これは上に書いた作戦をやみくもに実行するとうまくいかない場合なのである．結果を知っているので，具合のよい¬に目をつける．

$$\vdash A \wedge B, \neg A \vee \neg B$$

の証明を見つければよい．ここでも結果を知ってやることだが，∧に目をつける．すると，

$$\vdash A, \neg A \vee \neg B \quad と \quad \vdash B, \neg A \vee \neg B$$

の2つの式が証明可能であることをいえばよい．ここまでくると，さすがに∨以外に目に写る論理記号はなくなってしまう．また $\vdash A, \neg B$ あるいは $\vdash B, \neg A$ は一般には証明できない．そこで $\vdash A, \neg A$ と $\vdash B, \neg B$ に目をつけるわけだが，これは，ともに否定の導入で，始式から証明できる．

(3), (4) は省略する．

(5) これはいわゆる排中律であり，LJ で証明できないことが知られている．これも外側論理記号作戦では失敗する例で，$\vdash \neg A$ と $\vdash A$ に還元してしまっては，どちらも公理まで還元することができなくなってしまう．減右の推論規則が使われたと考え

$$\vdash \neg A \vee A, \neg A \vee A$$

に還元する．次に

$$\vdash \neg A \vee A, \neg A \quad と \quad \vdash \neg A \vee A, A$$

に還元する．各々が

$$\vdash \neg A, A, \neg A \quad と \quad \vdash \neg A, A, A$$

に還元する．ともに $A \vdash A$ から増左と換左の推論により得られる．

(6) これは公理 $A \vdash A$ から始め ∀-左と ∃-右の推論の結果得られる．

(7) $\forall x \neg A[^a_x] \vdash \neg \exists x A[^a_x]$ を導けばよい．これは

$$\exists x A[^a_x], \forall x \neg A[^a_x] \vdash$$

に還元される．ここで，LK の推論で一番気をつけなければならない側面が現れる，変数条件である．この場合 ∃-左に関するものである．証明図を与えてから説明しよう．

$$\cfrac{\cfrac{\cfrac{A \vdash A}{\neg A, \quad A \vdash}}{A, \quad \forall x \neg A[^a_x] \vdash}}{\exists x A[^a_x], \quad \forall x \neg A[^a_x] \vdash}$$

この証明図の推論のうち，最後の推論が ∃-左であり変数条件を満たしているか気をつけるべきところである．この場合 $\forall x \neg A[^a_x]$ は A の中のすべての a を x で置き換えてできているので a は現れていない．それで変数条件を満たしていることがわかる．

(8) これは (7) と対称なので，省略する．

(9) これは外側論理記号作戦では失敗する場合である．天下りに証明図を与えた後に説明をする．b, c を論理式 A に現れない自由変数記号とする．

$$\cfrac{\cfrac{\cfrac{\cfrac{\cfrac{\cfrac{\cfrac{\cfrac{A \vdash A}{A[^a_b], A \vdash A[^a_c], A}}{\exists x A[^a_b][^b_x], A \vdash A[^a_c], A}}{A \vdash A[^a_c], \exists x A[^a_b][^b_x] \to A}}{A \vdash A[^a_c], \exists y (\exists x A[^a_x] \to A)[^a_y]}}{\exists x A[^a_x] \vdash A[^a_c], \exists y (\exists x A[^a_x] \to A[^a_y])}}{\vdash \exists y (\exists x A[^a_x] \to A[^a_y]), \quad \exists x A[^a_x] \to A[^a_c]}}{\vdash \exists y (\exists x A[^a_x] \to A[^a_y]), \quad \exists y (\exists x A[^a_x] \to A[^a_y])}}{\vdash \exists y (\exists x A[^a_x] \to A[^a_y])}$$

2 行目から 3 行目は ∃-左,3 行目から 4 行目は →-右.
$\exists x A[^a_b][^b_x] \equiv \exists A[^a_x]$ であるから,4 行目から 5 行目は ∃-右.
$\exists y(\exists x A[^a_x] \to A)[^a_y] \equiv \exists y(\exists x A[^a_x] \to A[^a_y])$ であるから,5 行目から 6 行目は ∃-左.6 行目から 7 行目は →-右.7 行目から 8 行目は ∃-右.最後が減右である. □

今まで文字列 u に対して記号の置き換え $[^{b_1,\cdots,b_n}_{t_1,\cdots,t_n}]$ 施したものを $u[^{b_1,\cdots,b_n}_{t_1,\cdots,t_n}]$ と記してきたが,証明図は,文字列の列と考えられるので,その中の記号の置き換えを同様に記すことにする.

補題 23. 自由変数 a が証明図 P に現れないとし,c を定数とする.このとき,P に現れる c をすべて a で置き換えた図 $P[^c_a]$ は証明図である.

証明 証明図 P の定義に関する帰納法で証明する.P が始式 $A \vdash A$ のときは,$P[^c_a]$ は $A[^c_a] \vdash A[^c_a]$ であるから,証明図である.P の終式が,構造に関する推論,あるいは論理記号 $\neg, \wedge, \vee, \to$ に関する終式で得られるときは,帰納法の仮定から容易に $P[^c_a]$ も証明図であることがわかるので,終式が ∃ による推論のときだけ示すことにしよう.

最後の推論が
$$\frac{A, \Gamma \vdash \Delta}{\exists x A[^b_x], \Gamma \vdash \Delta}$$
の場合,b が論理式 A に現れていれば,a が P に現れていないという条件から a とは異なる.そのため,b は a と異なるものとして一般性を失わない.$\exists x A[^b_x][^c_a] \equiv \exists x(A[^c_a])[^b_x]$ だから,
$$\frac{A[^c_a], \Gamma[^c_a] \vdash \Delta[^c_a]}{\exists x A[^b_x][^c_a], \Gamma[^c_a] \vdash \Delta[^c_a]}$$
は推論図である.帰納法の仮定から,$P[^c_a]$ も証明図となる.

最後の推論が
$$\frac{\Gamma \vdash \Delta, A[^b_t]}{\Gamma \vdash \Delta, \exists x A[^b_x]}$$
の場合も上と同様に,b は a と異なるものとして一般性を失わない.$t[^c_a] = s$ と置くと

第 5 章 証明と推論規則

$A[^b_t][^c_a] \equiv A[^{c,b}_{a,s}] \equiv A[^c_a][^b_s]$ で $\exists x A[^b_x][^c_a] \equiv \exists x A[^{b,c}_{x,a}] \equiv \exists x A[^c_a][^b_x]$ だから

$$\frac{\Gamma[^c_a] \vdash \Delta[^c_a], A[^b_t][^c_a]}{\Gamma[^c_a] \vdash \Delta[^c_a], \exists x A[^b_x][^c_a]}$$

は推論図である．帰納法の仮定から，$P[^c_a]$ も証明図となる． □

公理系 $\mathcal{T}$ が矛盾するとは $\mathcal{T}$ の中の論理式 $A_1, \cdots, A_n$ があって

$$A_1, \cdots, A_n \vdash$$

が証明可能なことである．また，公理系 $\mathcal{T}$ が矛盾することは，ある論理式 B があって

$$A_1, \cdots, A_n \vdash B \wedge \neg B$$

が証明可能であることと同値である．この十分性は，$B \wedge \neg B \vdash$ が証明可能であるので，三段論法の推論を使うことによって示される．また，公理系が矛盾していれば，すべての論理式が証明可能であることは，増の推論から必要性は明らかである．$\mathcal{T}$ が無矛盾であるとは $\mathcal{T}$ が矛盾していないこととする．

矛盾とは本来的に推論，証明といった概念があって初めて問題となる概念であるということは，明確に意識すべきことであろう．

（否定についての注意）

否定命題あるいは否定概念について注意すべきことを書き留める．すでに，否定について冠頭標準形のところで注意をしたが，それは理解するという側面からの注意であった．ここでの注意は証明という側面からの注意である．

概念のなかには，定義が何かもとになる概念の否定として定義されているものがある．たとえば，「実数 a が無理数である」というのは，「実数 a が有理数でない」ということであり，「有理数である」ということの定義がある．また「空間 X が連結である」というのは，「空間 X が不連結でない」ということである．「空間 X が不連結である」というのは，「X でも空集合でもない開かつ閉集合が存在する」ということである．これらの場合，「実数 a が無理数である」あるいは「空間 X が連結である」であることを証明するには，「実数 a が有理数である」あるいは「空間 X が不連結である」ということを仮定し，矛

盾を導くという以外の方法はない．「$\sqrt{2}$ が無理数である」ということの証明はよく高校の数学の教科書に載っている．この「$\sqrt{2}$ が無理数である」ということを仮定して「$2\sqrt{2}$ が無理数である」ということを証明するときでも，結局「$2\sqrt{2}$ が有理数である」ということから「$\sqrt{2}$ が有理数である」ことを導いて矛盾だという手順である．これは当然のことで，これは否定命題の普通の証明の仕方である．それに比べ，ある命題 A を証明するのに，A でないということを仮定し矛盾を導いて結論するという方法がある．これは，上記の方法からは，A の二重否定しか導かれないのだから，A の二重否定から A が導かれるということを使っており，直観主義論理では認められない推論である．$\sqrt{2}$ が無理数であることの証明も背理法と呼ばれているようであるが，その方法は否定命題を証明するときの当然の方法である．

　次に，否定概念に関する認識について述べておきたい．論理式 A の否定は $\neg A$ であり，とくに否定概念が難しいと感じない人も多いかと思う．しかし，数理論理の世界また数学の世界では，直観主義論理あるいは直観主義数学というものがあり，「A でなくはない」ということが一般には「A である」とは同値ではないということに立脚する世界がある．通常の語感からいえば「A でなくはない」というのは，「A である」ということよりは弱い主張と受け取られる．つまり，直観主義論理あるいは直観主義数学というものは，このような感覚を形式化したり，数学として発展させたものである．現在，直観主義数学と断らないかぎり数学の世界では，「A でなくはない」というのは「A である」と同等なものとして扱う立場で展開されている．しかし，なかなかそれに徹するのは難しいようで，数理的に複雑な概念になってくると錯覚することがある．他の人も必ず錯覚するのだと決めつけるのは失礼であるから，著者が錯覚するということのみ説明することにしよう．ともかく錯覚は喜ばしいことではないので，ここから脱却しようとするわけだ．このため有効な方法は，新しい概念が導入されるたびに，その否定概念についても考えておくことである．たとえば，位相空間 X が x で局所連結という性質は，論理記号を使って，ゆるい書式のもとに書くと

$$\forall U(U \text{ は } x \text{ の近傍 } \to \exists V(V \subseteq U \text{ かつ } V \text{ は } x \text{ の連結な近傍}))$$

となるが，この否定として

$$\exists U(U \text{ は } x \text{ の近傍 } \wedge \forall V(V \subseteq U \text{ で } V \text{ が } x \text{ の近傍ならば } V \text{ は不連結}))$$

を理解しておくことが，この局所連結という概念を深く理解し，この概念のからんだところの証明を遂行するのに大切なことだと思う．

ここでは，論理式 $\neg\forall x A$ が $\exists x \neg A$ と同等であるということを納得して理解しているわけだが，このことは直観主義論理と関係が深い．一般には

1. $\neg\forall x A \to \exists x \neg A$,
2. $\neg(A \land B) \to (\neg A \lor \neg B)$,
3. $\neg(A \to B) \to (A \land \neg B)$

は，LJ では証明できない．つまり，直観主義論理あるいは直観主義数学では一般には成立していないことなのである．このことは，著者の傾向として，否定について上記のような翻訳をしておかないと，論理的に弱い形で理解しているという状態に陥る可能性を示唆している．というわけで，著者は新しい概念を学ぶと上記のような翻訳をもとに否定命題を学ぶことにしている．これは否定命題の証明方法で述べたこととも関係しており，定義が否定概念によっていても，上記のような翻訳が可能な場合は，その翻訳の方が理解しやすく，証明しやすいことも多いからである．このことは，第 4 章「冠頭標準形と否定命題」で述べたこととも関係がある．

第 5 章 練習問題

[1] 命題 22 (3)，(4) を終式とする LK の証明図を書け．

[2] 次のそれぞれの論理式を LK で証明せよ．

(1) $\neg\forall x A \to \exists x \neg A$;
(2) $\neg(A \land B) \to (\neg A \lor \neg B)$;
(3) $\neg(A \to B) \to (A \land \neg B)$.

第6章
完全性定理

2つの閉論理式あるいは論理式 A, B について

A を仮定すれば，B が導かれ，B を仮定すれば，A が導かれる

という表現がある．一般的には，このことを A と B が論理的に同値であるという．第 2 章で定義した構造での解釈を使って，論理的に同値であるということの定義を第 4 章でした．

数理論理学を多少学んだ方，たとえばここまでこの本を読み進まれた読者は「A を仮定すれば」という言葉を，「A という論理式を形式的証明の枠組で仮定すれば」という意味で解釈し，「B が導かれ」は証明の結論として B が得られ」という意味で解釈することができることに気がつかれるだろう．明らかに，第 4 章の定義とこの解釈は異なるものである．この異なるものが同値であるというのが完全性定理である．

この章で次の第 1 階述語論理の完全性定理を証明する．完全性定理とは

言語 L の閉論理式 F が証明可能であることとすべての L-構造
$\mathfrak{A}$ に対して $\mathfrak{A} \models F$ が成立することが同値である

ということである．この命題のうち「言語 L の閉論理式 F が証明可能であればすべての L-構造 $\mathfrak{A}$ に対して $\mathfrak{A} \models F$ である」ということが，前章で述べた，始式とそれぞれの推論の妥当性を数学的に述べたものであり，これが証明されたものは正しいという論理の正統性の根拠である．この命題は健全性定理と呼ばれることがある．

第 6 章 完全性定理

以下，言語 L が固定されている議論の場合，L-構造のことを単に，構造という．式 $A_1,\cdots,A_m \vdash B_1,\cdots,B_n$ が構造 $\mathfrak{A}$ で正しいということを次のように定義する．

$a_1,\cdots a_n$ 以外に式 $A_1,\cdots,A_m \vdash B_1,\cdots,B_n$ には自由変数が現れないとする．このとき，任意の $u_1,\cdots,u_m \in |\mathfrak{A}|$ について

ある i について $\mathfrak{A} \models A_i[{}^{a_1,\cdots,a_n}_{u_1,\cdots,u_n}]$ でないか，あるいはある j について $\mathfrak{A} \models B_j[{}^{a_1,\cdots,a_n}_{u_1,\cdots,u_n}]$ である

こととする．

式 $A_1,\cdots,A_m \vdash B_1,\cdots,B_n$ が構造 $\mathfrak{A}$ で正しいということと

$$\mathfrak{A} \models (A_1 \wedge \cdots \wedge A_m) \to (B_1 \vee \cdots \vee B_n)[{}^{a_1,\cdots,a_n}_{u_1,\cdots,u_n}]$$

であることが同値であることは容易にわかる．次の補題は論理式の複雑さに関する帰納法で証明される．そのようにして同じように証明されるものが数多くあるので，この証明は省略する．

補題 24. $a,a_1,\cdots,a_n$ は互いに異なる自由変数とし，論理式 A には a 以外の自由変数が現れないとする．項 t について $u = (t[{}^{a_1,\cdots,a_n}_{u_1,\cdots,u_n}])^{\mathfrak{A}}$ が成立しているとき，$\mathfrak{A} \models A[{}^{a}_{t}][{}^{a_1,\cdots,a_n}_{u_1,\cdots,u_n}]$ と $\mathfrak{A} \models A[{}^{a}_{u}]$ は同値．

定理 25. 式 $\Gamma \vdash \Delta$ が LK で証明可能ならば，すべての構造で $\Gamma \vdash \Delta$ は成立する．

証明 第 5 章でした推論の妥当性の説明を，構造に則して述べればよい．証明は，証明図の長さに関する帰納法で証明する．まず，公理 $A \vdash A$ の場合は $\mathfrak{A} \models A[{}^{a_1,\cdots,a_n}_{u_1,\cdots,u_n}]$ であるときは，右辺についての条件から，$\mathfrak{A} \models A[{}^{a_1,\cdots,a_n}_{u_1,\cdots,u_n}]$ でないときは，左辺についての条件から，その成立がわかる．

構造に関する推論，論理記号 $\neg, \wedge, \vee, \to$ に関する推論の場合は簡単なので省略し，$\forall$ の場合は $\exists$ の場合と同様なので省略し，$\exists$ に関する推論の場合のみ証明する．

第 6 章 完全性定理

まず, ∃-右の推論について. 式 $A_1, \cdots A_m \vdash B_1, \cdots, B_n, C[{}^a_t]$ が構造 $\mathfrak{A}$ で正しいことが帰納法の仮定である. 上記の証明を省略した場合も含め, 背理法で証明するのが明快である. 結論を否定すると式 $A_1, \cdots A_m \vdash B_1, \cdots, B_n, \exists x C[{}^a_x]$ が正しくないので, ある $u_1, \cdots, u_n$ があって

$A_i[{}^{a_1,\cdots,a_n}_{\underline{u_1},\cdots,\underline{u_n}}]$ がすべて成立し, $B_j[{}^{a_1,\cdots,a_n}_{\underline{u_1},\cdots,\underline{u_n}}]$ および $\exists x C[{}^a_x][{}^{a_1,\cdots,a_n}_{\underline{u_1},\cdots,\underline{u_n}}]$ がすべて不成立となる.

b を $a_1, \cdots, a_n$ と異なり, C に現れない自由変数とし, $D \equiv C[{}^a_b]$ とする. すると $C[{}^a_t] \equiv D[{}^b_t]$, $\exists x C[{}^a_x] \equiv \exists x D[{}^b_x]$, $\exists x C[{}^a_x][{}^{a_1,\cdots,a_n}_{\underline{u_1},\cdots,\underline{u_n}}] \equiv \exists x D[{}^{a_1,\cdots,a_n,b}_{\underline{u_1},\cdots,\underline{u_n},x}]$ である.

t には $a_1, \cdots, a_n$ 以外の自由変数も現れる可能性がある. それらを $b_1, \cdots, b_m$ とし, $v \in |\mathfrak{A}|$ を 1 つとる. b は $b_1, \cdots, b_m$ とは異なるようにとれる.

$u = t[{}^{a_1,\cdots,a_n,b_1,\cdots,b_m}_{\underline{u_1},\cdots,\underline{u_n},\underline{v},\cdots,\underline{v}}]^{\mathfrak{A}}$ とおく. 帰納法の仮定から $C[{}^a_t][{}^{a_1,\cdots,a_n,b_1,\cdots,b_m}_{\underline{u_1},\cdots,\underline{u_n},\underline{v},\cdots,\underline{v}}]$ が構造 $\mathfrak{A}$ で成立する.

$$C[{}^a_t][{}^{a_1,\cdots,a_n,b_1,\cdots,b_m}_{\underline{u_1},\cdots,\underline{u_n},\underline{v},\cdots,\underline{v}}] \equiv D[{}^b_t][{}^{a_1,\cdots,a_n,b_1,\cdots,b_m}_{\underline{u_1},\cdots,\underline{u_n},\underline{v},\cdots,\underline{v}}]$$

だから, 補題 24 によって $\mathfrak{A} \models D[{}^{a_1,\cdots,a_n,b}_{\underline{u_1},\cdots,\underline{u_n},\underline{u}}]$ であり $\mathfrak{A} \models \exists x D[{}^{a_1,\cdots,a_n,b}_{\underline{u_1},\cdots,\underline{u_n},x}]$ が成立することとなり矛盾する.

次に, ∃-左の推論について. a は下式に現れないので, 下式に現れる自由変数が $a_1, \cdots, a_n$ 以外になく $a_1, \cdots, a_n$ は a と異なるとしてよい. 下式が正しくないと仮定すると, ある $u_1, \cdots, u_n$ があって

$\exists x C[{}^a_x][{}^{a_1,\cdots,a_n}_{\underline{u_1},\cdots,\underline{u_n}}]$ と $A_i[{}^{a_1,\cdots,a_n}_{\underline{u_1},\cdots,\underline{u_n}}]$ がすべて成立し,
$B_j[{}^{a_1,\cdots,a_n}_{\underline{u_1},\cdots,\underline{u_n}}]$ がすべて不成立となる.

$\mathfrak{A} \models \exists x C[{}^a_x][{}^{a_1,\cdots,a_n}_{\underline{u_1},\cdots,\underline{u_n}}]$ だから $v \in |\mathfrak{A}|$ が存在して $\mathfrak{A} \models C[{}^a_x][{}^{a_1,\cdots,a_n}_{\underline{u_1},\cdots,\underline{u_n}}][{}^x_{\underline{v}}]$ が成立する.

$$C[{}^a_x][{}^{a_1,\cdots,a_n}_{\underline{u_1},\cdots,\underline{u_n}}][{}^x_{\underline{v}}] \equiv C[{}^{a_1,\cdots,a_n,a}_{\underline{u_1},\cdots,\underline{u_n},\underline{v}}]$$

だから,

$u_1, \cdots, u_n, v$ に対して上式が $\mathfrak{A}$ で成立しなくなり, 帰納法の仮定に矛盾する.

□

定理 26. 言語 L の公理系 $\mathcal{T}$ が無矛盾ならば，$\mathfrak{A} \models A$ がすべての $A \in \mathcal{T}$ について成立する L-構造 $\mathfrak{A}$ が存在する．

補題 27. 公理系 $\mathcal{T}$ が無矛盾であるとし，定数記号 c が論理式 $\exists x A$ および $\mathcal{T}$ に現れていないとき，公理系 $\mathcal{T} \cup \{\exists x A \to (A[{}^x_c])\}$ は無矛盾である．

証明 $\mathcal{T} \cup \{\exists x A \to (A[{}^x_c])\}$ が矛盾していたとすると，$\mathcal{T}$ のなかの有限個の閉論理式 $B_1, \cdots, B_n$ が存在し，

$$B_1, \cdots, B_n, \exists x A \to (A[{}^x_c]) \vdash$$

が証明可能ということになる．すると，自由変数 c は $A[{}^x_c]$ 以外に現れないので ∃-左によって $B_1, \cdots, B_n, \exists y(\exists x A \to (A[{}^x_y])) \vdash$ が証明可能となる．

命題 22(9) から，$\vdash \exists y(\exists x A \to (A[{}^a_y]))$ が証明可能なので，三段論法によって $B_1, \cdots, B_n \vdash$ が証明可能となるが，これは $\mathcal{T}$ が無矛盾であることに反する． □

補題 28. 公理系 $\mathcal{T}$ が無矛盾であるとし，A が閉論理式とする．このとき，$\mathcal{T} \cup \{A\}$ または $\mathcal{T} \cup \{\neg A\}$ は無矛盾である．

証明 $\mathcal{T} \cup \{A\}$ と $\mathcal{T} \cup \{\neg A\}$ が共に矛盾すると仮定する．すると，$A_1, \cdots, A_m \in \mathcal{T}$ で

$$A_1, \cdots, A_m, A \vdash \quad \text{と} \quad A_1, \cdots, A_m, \neg A \vdash$$

が共に証明可能であるものが存在する．$A_1, \cdots, A_m \vdash \neg A$ が証明できるから，三段論法の推論により $A_1, \cdots, A_m \vdash$ が証明可能となり，前提に反する． □

補題 29. 言語 L の公理系 $\mathcal{T}$ が無矛盾で極大であるとする．つまり，$\mathcal{T}$ が無矛盾であり，$\mathcal{T}$ に含まれない言語 L の閉論理式を付け加えると矛盾するということを仮定する．

このとき閉論理式 $A_1, \cdots, A_m, A$ について，$A_1, \cdots, A_m \vdash A$ が証明可能で，$A_1, \cdots, A_m \in \mathcal{T}$ ならば $A \in \mathcal{T}$ が成り立つ．

証明 $A \in \mathcal{T}$ でないと仮定すると，$\mathcal{T}$ が無矛盾で極大であることから，補題 28

第 6 章 完全性定理　　　　　　　　　　　71

によって，$\neg A \in \mathcal{T}$ である．しかし，これは $\mathcal{T}$ が無矛盾であることに反する．
□

(定理 26 の証明)　帰納的に，言語 L_n とその極大無矛盾な公理系 $\mathcal{T}_n$ を定義する．L_0 は L とする．$\mathcal{T}$ が無矛盾であるから，補題 28 により $\mathcal{T}_0 \supseteq \mathcal{T}$ となる極大無矛盾な公理系 $\mathcal{T}_0$ が存在する[*]．L_n と $\mathcal{T}_n$ が定義されているとき，L_{n+1} は L_n の各々の閉論理式 $\exists x A$ について L_n にない新しい定数記号 $c_{\exists x A}$ を付け加えた言語とする．次に，公理系

$$\mathcal{T}_n \cup \{\exists x A \to A[^x_{c_{\exists x A}}] : \exists x A \text{ は } L_n \text{ の閉論理式}\}$$

を考える．公理系が矛盾するのは，その有限部分から矛盾が出るということを使うと，補題 27 を繰り返し使うことにより，この公理系が無矛盾であることがわかる．そこで，補題 28 を使って，この公理系を拡大して，L_{n+1} の極大無矛盾な公理系 $\mathcal{T}_{n+1}$ を得る．最後に，L に L_n で付け加えた定数記号すべてを付け加えた言語を L_∞ とし，$\mathcal{T}_\infty = \bigcup_{n=0}^{\infty} \mathcal{T}_n$ とする．$\mathcal{T}_\infty$ が L_∞ の極大無矛盾な公理系 であることは容易にわかる．

L_∞-構造 $\mathfrak{A}_0$ を次に定義する．
1. $|\mathfrak{A}_0|$ を L_∞ の閉項すべての集合とする．
2. また $P^{\mathfrak{A}_0} = \{(t_1, \cdots, t_n) : P t_1 \cdots t_n \in \mathcal{T}_\infty\}$,
3. $f^{\mathfrak{A}_0}(t_1, \cdots, t_n) = f t_1 \cdots t_n$,
4. $c^{\mathfrak{A}_0} = c$ とする．

定数記号については，この定義により，$c^{\mathfrak{A}_0}_{\exists x A} = c_{\exists x A}$ であることに注意する．

まず，閉項 t について $t^{\mathfrak{A}_0} = t$ を t の構成に関する帰納法で示す $((\underline{t})^{\mathfrak{A}_0} = t$ という関係も成立するが，それのことではないことに注意する．また，$s \equiv \underline{t}$ としたとき，$\underline{s}$ という記号は定義されていないことに注意する)．

定数記号のときは定義そのものである．$t \equiv f t_1 \cdots t_n$ のとき

---

[*] 自然数論や集合論の公理系ならば可算言語であるので，閉論理式を $(F_n : n \in \mathbb{N})$ と並べておいて，補題 28 を使って F_n または $\neg F_n$ を無矛盾性を保ちながらつけ加えていけばよい．言語，つまり，述語記号，関数記号，定数記号の全体が整列されていれば同様の方法で極大に拡張できるが一般には選択公理が必要である．

第 6 章 完全性定理

$$t^{\mathfrak{A}_0} = f^{\mathfrak{A}_0}(t_1^{\mathfrak{A}_0}, \cdots, t_n^{\mathfrak{A}_0}) = ft_1^{\mathfrak{A}_0} \cdots t_n^{\mathfrak{A}_0} = ft_1 \cdots t_n = t$$

となる.

次に L_∞ の閉論理式 A について $\mathfrak{A}_0 \models A$ と $A \in \mathcal{T}_\infty$ が同値であることを A に含まれる論理記号の個数に関する帰納法で証明する.

論理記号を 1 つも含まないときは, $P^{\mathfrak{A}_0}$ の定義によって成り立っている.

$A \equiv \neg B$ のとき, $\mathfrak{A}_0 \models A$ ならば $\mathfrak{A}_0 \models B$ でない. 帰納法の仮定から, $B \notin \mathcal{T}_\infty$ であるので, $\mathcal{T}_\infty$ の極大無矛盾性から $A \notin \mathcal{T}_\infty$ である. 逆に $A \notin \mathcal{T}_\infty$ ならば $\mathcal{T}_\infty$ の無矛盾性から $B \notin \mathcal{T}_\infty$ であるので帰納法の仮定から, $\mathfrak{A}_0 \models B$ でない, つまり $\mathfrak{A}_0 \models A$ である.

その他

$$A \equiv \neg B \wedge C,\ A \equiv \neg B \vee C,\ A \equiv \neg B \vee C$$

のときも同様に証明される. $\forall x B$ は $\neg \exists x \neg B$ と論理的に同値であるので, $A \equiv \exists x B$ の場合だけ証明する.

$\mathfrak{A}_0 \models \exists x B$ ならば, $t \in |\mathfrak{A}_0|$ があって $\mathfrak{A}_0 \models B[{}^x_t]$ である. すでに示したことから $t^{\mathfrak{A}_0} = t = (\underline{t})^{\mathfrak{A}_0}$ である. よって $\mathfrak{A}_0 \models B[{}^x_{\underline{t}}]$ となる. 帰納法の仮定から $B[{}^x_t] \in \mathcal{T}_\infty$ である. 補題 29 から $\exists x B \in \mathcal{T}_\infty$ である.

逆に $\exists x B \in \mathcal{T}_\infty$ であれば, ある n について $\exists x B \in \mathcal{T}_n$ となる.

$$\exists x B \to B[{}^x_{c_{\exists x B}}] \in \mathcal{T}_{n+1}$$

であるから, 補題 29 により $B[{}^x_{c_{\exists x B}}] \in \mathcal{T}_\infty$ である. 帰納法の仮定から, $\mathfrak{A}_0 \models B[{}^x_{c_{\exists x B}}]$ であるので, $\mathfrak{A}_0 \models \exists x B$ となる.

最後に L_∞-構造 $\mathfrak{A}_0$ の解釈を L に制限してできる L-構造を $\mathfrak{A}$ とすれば, これが求めるものである. □

この定理では, 等号 $=$ を述語記号として扱ったものであったが, L-構造のところで述べたように, 構造論では等号 $=$ の解釈は対象として等しいという $=$ で解釈する. このような構造に限る場合に対応する公理系が, 等号公理である.

$\forall x(x{=}x),\ \forall x \forall y(x{=}y \to y{=}x)$ のほか L の n-変数述語記号 P, n-変数関数記号 f について

$$\forall x_1 \forall x_2 \cdots \forall x_n \forall y_1 \forall y_2 \cdots \forall y_n$$
$$(x_1{=}y_1 \land x_2{=}y_2 \land \cdots \land x_n{=}y_n \land Px_1x_2\cdots x_n \to Py_1y_2\cdots y_n)$$

および

$$\forall x_1 \forall x_2 \cdots \forall x_n \forall y_1 \forall y_2 \cdots \forall y_n$$
$$(x_1{=}y_1 \land x_2{=}y_2 \land \cdots \land x_n{=}y_n \to fx_1x_2\cdots x_n{=}fy_1y_2\cdots y_n)$$

からなる公理系 E を，言語 L に関する等号公理という．

系 30. 等号公理 E を含む無矛盾な公理系 $\mathcal{T}$ に対して，$\mathfrak{A} \models A$ がすべての $A \in \mathcal{T}$ について成立し，等号 $=$ の解釈は対象として等しいという $=$ で解釈する L-構造 $\mathfrak{A}$ が存在する．

定理 26 を $\mathcal{T}$ に対して，適用して L-構造 $\mathfrak{B}$ を得る．その後，$v_0, v_1 \in |\mathfrak{B}|$ について

$$v_0 \sim v_1 \leftrightarrow \mathfrak{B} \models v_0{=}v_1$$

と定義すると，関係 $\sim$ は同値関係となっている．$v \in |\mathfrak{B}|$ が属する同値類を $[v]$ と記し，この同値類の全体を $|\mathfrak{A}|$ とする．つまり

$$|\mathfrak{A}| = \{[v] \mid v \in |\mathfrak{B}|\}$$

とする．

$$P^{\mathfrak{A}} = \{([v_0], \cdots [v_n]) \mid (v_0, \cdots, v_n) \in P^{\mathfrak{B}}\},$$
$$f^{\mathfrak{A}}([v_0], \cdots [v_n]) = [f^{\mathfrak{B}}(v_0, \cdots v_n)],$$
$$c^{\mathfrak{A}} = [c^{\mathfrak{B}}]$$

と定義すれば，等号公理 E が $\mathfrak{B}$ で成立しているので，well-defined であることが示せ，この L-構造が求めるものとなる．

等号公理は，関数記号，述語記号についてのみ定義されているが項，論理式についても成立する．証明は練習問題 [1] とする．

命題 31. 等号公理 E から，任意の項 t，論理式 A について

$$\forall x_1 \forall x_2 \cdots \forall x_n \forall y_1 \forall y_2 \cdots \forall y_n$$
$$(x_1 = y_1 \land x_2 = y_2 \land \cdots \land x_n = y_n \to t{\begin{bmatrix} a_1 a_2 \cdots a_n \\ x_1 x_2 \cdots x_n \end{bmatrix}} = t{\begin{bmatrix} a_1 a_2 \cdots a_n \\ y_1 y_2 \cdots y_n \end{bmatrix}})$$

$$\forall x_1 \forall x_2 \cdots \forall x_n \forall y_1 \forall y_2 \cdots \forall y_n$$
$$(x_1 = y_1 \land x_2 = y_2 \land \cdots \land x_n = y_n \land A{\begin{bmatrix} a_1 a_2 \cdots a_n \\ x_1 x_2 \cdots x_n \end{bmatrix}} \to A{\begin{bmatrix} a_1 a_2 \cdots a_n \\ y_1 y_2 \cdots y_n \end{bmatrix}})$$

が証明可能である (ただし $a_1, \cdots, a_n$ は自由変数).

この証明は練習問題 [2] とする．

第 6 章 練習問題

[1] 系 30 を上記の方針に沿って証明せよ．
[2] 命題 31 を示せ．
[3] 言語 L の論理式 A に対して，

$$a_1 = b_1 \land \cdots \land a_n = b_n \land A \to A{\begin{bmatrix} a_1, \cdots, a_n \\ b_1, \cdots, b_n \end{bmatrix}}$$

は等号公理 E のもとで，証明可能であることを示せ．

第7章
1階述語論理の表現可能性の限界について

　この章では第 2 章で述べた構造の性質に関してもう少し詳しいことを述べる．数学は集合論の中で展開できることが知られており，集合論は 1 階述語論理で述べられているので，この意味では表現可能性に限界があるようには見えないが，じつはそうではない．「ものごとはすべて表現できるというわけでない」という感覚は日常生活では感じるところであるが，数理的なところでもそれは起こることである．数学の内容と関係したところでも起こることだが，ここでは論理に限ったしかも簡単なことのみ述べることにする．この目的のため，構造の基本的な構成法である直積，縮積，超積を定義する．また，記法を簡略にするため，構造の定義域の要素 u に対して，導入していた定数 $\underline{u}$ を単に，u と記す．述語記号 $\leq$ や関数記号 $+, \cdot$ など以前は太文字で書いていたものは，解釈したときと同じ記号で代用する．また，$=$ という述語記号は，構造では通常の同じ要素であるという意味で解釈されるものとする．

　L-構造の集り，$\mathfrak{A}_i \ (i \in I)$ に対して，直積 $\Pi_{i \in I} \mathfrak{A}_i = \mathfrak{B}$ の定義域 $|\mathfrak{B}|$ は直積集合 $\Pi_{i \in I} |\mathfrak{A}_i|$ で $P^{\mathfrak{B}}$ は直積集合 $\Pi_{i \in I} P^{\mathfrak{A}_i}$ である．関数記号の解釈は $f^{\mathfrak{B}}(x)(i) = f^{\mathfrak{A}_i}(x(i))$ (ただし，$x \in \Pi_{i \in I} \mathfrak{A}_i$ で $i \in I$ である)．群あるいは環について，その直積を考察することがあるが，その直積である．

　次に，縮積と超積を定義するため，フィルターおよび超フィルターの定義をする．以下，集合 I は空でない集合とする．$\mathcal{F}$ が集合 I 上のフィルターであるとは，$\mathcal{F}$ が I の部分集合からなる集合で，以下の 3 つの性質を満たすことをいう．

(1) $I \in \mathcal{F}, \emptyset \notin \mathcal{F}$;
(2) $X \in \mathcal{F}, X \subseteq Y$ ならば $Y \in \mathcal{F}$;
(3) $X, Y \in \mathcal{F}$ ならば $X \cap Y \in \mathcal{F}$.

フィルターという言葉で，類推されるものとなっていることがわかるように，次の図を思い浮かべよう．化学実験で使うフィルター，あるいはコーヒーフィルターに，上からいろいろな物質を含んだ液体を注ぐ．大きなものはフィルターに残り (つまり入り)，小さなものは通り抜けてフィルターには入らない (次図参照)．とくに空集合は必ず通りぬける．これで (1) (2) の性質を記憶できるであろう．(3) は我慢して覚えてもらうよりない．

この 3 つの性質に加え，次の性質 (4) を満たすものを超フィルターと呼ぶ．

(4) $X \subseteq I$ ならば $X \in \mathcal{F}$ または $I \setminus X \in \mathcal{F}$ が成立する．

英語では，Ultrafilter と呼ばれる．ウルトラフィルターと呼ばれる商品は，極めて目の細かいフィルターのことのようである．これ以上，細かいフィルターがないようなフィルターは，フィルターを集合の包含関係で比べるとき，極大となるものであるが，次の命題でわかるように，これは一致している．

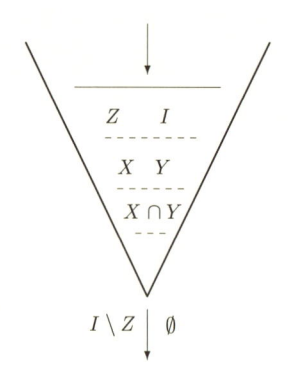

$$\begin{array}{c} \downarrow \\ \hline Z \quad I \\ \hline X \quad Y \\ \hline X \cap Y \\ \hline \end{array}$$

$I \setminus Z \quad \downarrow \quad \emptyset$

命題 32. フィルター $\mathcal{F}$ が超フィルターであることは極大であることと同値である．

証明 超フィルター $\mathcal{F}$ に I の部分集合 X が属していないとすると，$I \setminus X \in \mathcal{F}$

第7章 1階述語論理の表現可能性の限界について

である．$X \cap (I \setminus X) = \emptyset$ であるから，$\mathcal{F}$ に属する I の部分集合を含んでいて，$\mathcal{F}$ に属さない I の部分集合を含むフィルターはないことがわかる．つまり，超フィルターは極大である．

いまフィルター $\mathcal{F}$ に X も $I \setminus X$ も属していないとする．このとき

$$\mathcal{G} = \{Y \subseteq I : X \cap Z \subseteq Y \text{ となる } Z \in \mathcal{F} \text{ が存在する}\}$$

と定義すると，$\mathcal{G}$ はフィルターとなる (証明はこの章の練習問題 [1] とする)．$X \in \mathcal{G}$ だから $\mathcal{F}$ は極大ではない．つまり，$\mathcal{F}$ が極大フィルターならば X か $I \setminus X$ のどちらかは $\mathcal{F}$ に属する． □

L-構造の集り，$\mathfrak{A}_i \ (i \in I)$ と I 上のフィルター $\mathcal{F}$ が与えられたとき，関係 $\sim_\mathcal{F}$ を次のように定義する．

$u, v \in \Pi_{i \in I} |\mathfrak{A}_i|$ に対して

$$\{i \in I \mid u(i) = v(i)\} \in \mathcal{F}$$

であることを $u \sim_\mathcal{F} v$ と記す．すると，フィルターの定義からこれは同値関係となる (この章の練習問題 [2] とする)．この同値類を $[u]_\mathcal{F}$ で表す．つまり，

$$[u]_\mathcal{F} = \{v \mid v \sim_\mathcal{F} u\}$$

である．

縮積 $\mathfrak{C} = \Pi_{i \in I} \mathfrak{A}_i / \mathcal{F}$ は定義域を

$$\{[u]_\mathcal{F} \mid u \in \Pi_{i \in I} |\mathfrak{A}_i|\}$$

で述語記号，関数記号，定数の解釈を

$$P^\mathfrak{C} = \{([u_1]_\mathcal{F}, \cdots, [u_n]_\mathcal{F}) \mid \{i \in I \mid (u_1(i), \cdots, u_n(i)) \in P^{\mathfrak{A}_i}\} \in \mathcal{F}\},$$

$$f^\mathfrak{C}([u_1]_\mathcal{F}, \cdots, [u_n]_\mathcal{F}) = [u]_\mathcal{F}$$

(ただし $u(i) = f^{\mathfrak{A}_i}(u_1(i), \cdots, u_n(i))$)，

$$c^{\mathfrak{C}} = [v]$$

(ただし $v(i) = c^{\mathfrak{A}_i}$), で与えた構造である. フィルター $\mathcal{F}$ が超フィルターであるとき, 縮積 $\Pi_{i \in I} \mathfrak{A}_i / \mathcal{F}$ を超積と呼ぶ. この章の目標のため, 超積に重点があるので, 直積, 縮積についてはこれ以上述べないが, これらは抽象代数ではよく使われる概念である. アーベル群 (あるいは加群) $(A_i : i \in I)$ の場合, フィルター $\mathcal{F}$ に対して

$$S_{\mathcal{F}} = \{x \in \Pi_{i \in I} A_i \mid \{i \in I \mid x(i) = 0\} \in \mathcal{F}\}$$

は直積 $\Pi_{i \in I} A_i$ の部分群 (あるいは部分加群) となる. このとき $\mathcal{F}$ による縮積は, 直積のこの部分群 (あるいは部分加群) $S_{\mathcal{F}}$ による剰余群である. フィルター $\mathcal{F} = \{I\}$ の場合 $S_{\mathcal{F}} = \{0\}$ であり, 後に現れる Fréchet フィルター $\mathcal{F}_0$ について $S_{\mathcal{F}_0}$ は $(A_i : i \in I)$ の直和である.

超積の中で何が成立するかということに関して, 定理 33 が基本定理である.

定理 33. (Łoś の定理) $\mathcal{U}$ を I 上の超フィルターとし, L-構造の超積 $\mathfrak{C} = \Pi_{i \in I} \mathfrak{A}_i / \mathcal{U}$ とする. $a_1, \cdots, a_n$ 以外に自由変数を含まない L 論理式 A と $u_1, \cdots, u_n \in \Pi_{i \in I} |\mathfrak{A}_i|$ に対して

$$\mathfrak{C} \models A[{}^{a_1, \cdots, a_n}_{[u_1]_{\mathcal{U}}, \cdots, [u_n]_{\mathcal{U}}}]$$

と

$$\{i \in I \mid \mathfrak{A}_i \models A[{}^{a_1, \cdots, a_n}_{u_1(i), \cdots, u_n(i)}]\} \in \mathcal{U}$$

は同値である.

証明 以前と同じように, $L(\mathfrak{C})$ の項の構成, 論理記号の個数に関する帰納法で証明するので, 少し省略して書く. まず, $a_1, \cdots, a_n$ 以外に自由変数を含まない項 t について $\tau(i) = (t[{}^{a_1, \cdots, a_n}_{u_1(i), \cdots, u_n(i)}])^{\mathfrak{A}_i}$ と置くと

$$(t[{}^{a_1, \cdots, a_n}_{[u_1]_{\mathcal{U}}, \cdots, [u_n]_{\mathcal{U}}}])^{\mathfrak{C}} = [\tau]_{\mathcal{U}}$$

第 7 章　1 階述語論理の表現可能性の限界について　　79

となることを，項の定義に関する帰納法で証明することから始まるが，これは
この章の練習問題 [3] としよう．次は述語記号 P に対して，論理式 $Pt_1\cdots t_m$
を考える．

$$Pt_1\cdots t_m[{}^{a_1,\cdots,a_n}_{[u_1]_\mathcal{U},\cdots,[u_n]_\mathcal{U}}] \equiv Pt_1[{}^{a_1,\cdots,a_n}_{[u_1]_\mathcal{U},\cdots,[u_n]_\mathcal{U}}]\cdots t_m[{}^{a_1,\cdots,a_n}_{[u_1]_\mathcal{U},\cdots,[u_n]_\mathcal{U}}]$$

であるから

$$\mathfrak{C} \models Pt_1\cdots t_m[{}^{a_1,\cdots,a_n}_{[u_1]_\mathcal{U},\cdots,[u_n]_\mathcal{U}}]$$

は

$$((t_1[{}^{a_1,\cdots,a_n}_{[u_1]_\mathcal{U},\cdots,[u_n]_\mathcal{U}}])^\mathfrak{C},\cdots,(t_m[{}^{a_1,\cdots,a_n}_{[u_1]_\mathcal{U},\cdots,[u_n]_\mathcal{U}}])^\mathfrak{C}) \in P^\mathfrak{C}$$

であるから，この場合は $P^\mathfrak{C}$ の定義である．

次に，論理式が $\neg A$ のときは，

$$\mathfrak{C} \models \neg A[{}^{a_1,\cdots,a_n}_{[u_1]_\mathcal{U},\cdots,[u_n]_\mathcal{U}}]$$

は帰納法の仮定から，

$$\{i \in I \mid \mathfrak{A}_i \models A[{}^{a_1,\cdots,a_n}_{u_1(i),\cdots,u_n(i)}]\} \notin \mathcal{U}$$

と同値である．そして $\mathcal{U}$ が超フィルターであることから，

$$\{i \in I \mid \mathfrak{A}_i \models \neg A[{}^{a_1,\cdots,a_n}_{u_1(i),\cdots,u_n(i)}]\} \in \mathcal{U}$$

と同値であることがわかる．

論理式が $A \wedge B$ のときは，

$$\mathfrak{C} \models A \wedge B[{}^{a_1,\cdots,a_n}_{[u_1]_\mathcal{U},\cdots,[u_n]_\mathcal{U}}]$$

は帰納法の仮定と $\mathcal{U}$ がフィルターであることから，

$$\{i \in I \mid \mathfrak{A}_i \models A[{}^{a_1,\cdots,a_n}_{u_1(i),\cdots,u_n(i)}]\} \in \mathcal{U}$$

でかつ

$$\{i \in I \mid \mathfrak{A}_i \models B[{}^{a_1, \cdots, a_n}_{u_1(i),\cdots,u_n(i)}]\} \in \mathcal{U}$$

であることと同値となり，再び $\mathcal{U}$ がフィルターであることから，

$$\{i \in I \mid \mathfrak{A}_i \models A \wedge B[{}^{a_1, \cdots, a_n}_{u_1(i),\cdots,u_n(i)}]\} \in \mathcal{U}$$

と同値となる．$\vee$ および $\to$ については省略してよい．同様の理由で，$\forall$ は省略する．

論理式が $\exists x A$ のときは，$\exists x A$ に現れず，$a_1, \cdots, a_n$ と異なる自由変数を b とする．論理式 $A[{}^x_b]$ に対して帰納法の仮定から，

$$\mathfrak{C} \models A[{}^x_b][{}^{a_1, \cdots, \ a_n, \ \ b}_{[u_1]_\mathcal{U},\cdots,[u_n]_\mathcal{U},[u_{n+1}]_\mathcal{U}}]$$

は

$$\{i \in I \mid \mathfrak{A}_i \models A[{}^x_b][{}^{a_1, \cdots, \ a_n, \ \ b}_{u_1(i),\cdots,u_n(i),u_{n+1}(i)}]\} \in \mathcal{U}$$

と同値である．$\mathfrak{C} \models \exists x A[{}^{a_1, \cdots, a_n}_{[u_1]_\mathcal{U},\cdots,[u_n]_\mathcal{U}}]$ から

$$\{i \in I \mid \mathfrak{A}_i \models \exists x A[{}^{a_1, \cdots, a_n}_{u_1(i),\cdots,u_n(i)}]\} \in \mathcal{U}$$

を導くことは，定義を追うだけである．後者を仮定する．

$$S = \{i \in I \mid \mathfrak{A}_i \models \exists x A[{}^{a_1, \cdots, a_n}_{u_1(i),\cdots,u_n(i)}]\}$$

と置く．$i \in S$ については $u(i) \in |\mathfrak{A}_i|$ を $\mathfrak{A}_i \models \exists x A[{}^{a_1, \cdots, a_n, x}_{u_1(i),\cdots,u_n(i),u(i)}]$ が成立するようにとり，$i \notin S$ のときは，任意に $u(i) \in |\mathfrak{A}_i|$ をとる．

$$\{i \in I \mid \mathfrak{A}_i \models A[{}^{a_1, \cdots, a_n, x}_{u_1(i),\cdots,u_n(i),u(i)}]\} = S \in \mathcal{U}$$

だから，帰納法の仮定から $\mathfrak{C} \models A[{}^{a_1, \cdots, a_n, x}_{[u_1]_\mathcal{U},\cdots,[u_n]_\mathcal{U},[u]_\mathcal{U}}]$ が成立し，$\mathfrak{C} \models \exists x A[{}^{a_1, \cdots, a_n}_{[u_1]_\mathcal{U},\cdots,[u_n]_\mathcal{U}}]$ が成り立つ． □

系 34. L-構造 $\mathfrak{A}$ に対して $\mathfrak{A}_i = \mathfrak{A}$ として超積 $\Pi_{i \in I}\mathfrak{A}_i/\mathcal{U}$ を構成する．また $u \in |\mathfrak{A}|$ に対して c_a を定数関数，つまり $c_u(i) = u \ (i \in I)$ とする．このと

き，$a_1, \cdots, a_n$ 以外に自由変数を含まない L 論理式 A，$u_1, \cdots, u_n \in |\mathfrak{A}|$ に対して

$$\Pi_{i \in I} \mathfrak{A}_i / \mathcal{U} \models A[{}^{a_1, \cdots, a_n}_{[c_{u_1}]_\mathcal{U}, \cdots, [c_{u_n}]_\mathcal{U}}]$$

と

$$\mathfrak{A} \models A[{}^{a_1, \cdots, a_n}_{u_1, \cdots, u_n}]$$

は同値である．とくに，A が閉論理式ならば，

$$\Pi_{i \in I} \mathfrak{A}_i / \mathcal{U} \models A$$

と

$$\mathfrak{A} \models A$$

は同値となる．

次の系は，定理 26 の系でもある．公理系 $\mathcal{T}$ が矛盾することは，$\mathcal{T}$ のある有限個の閉論理式から矛盾が出ることである．$\mathcal{T}$ の任意の有限部分集合がモデルをもつということは，有限部分集合が矛盾がないということであるから，$\mathcal{T}$ が無矛盾であるということとなり，定理 26 から $\mathcal{T}$ のモデルがあることが導かれる．ここでは超積を使った証明を述べる．

系 35. 公理系 $\mathcal{T}$ の任意の有限部分集合 S がモデルをもてば，$\mathcal{T}$ もモデルをもつ．

証明 集合 I を $\mathcal{T}$ の有限部分集合の全体とする．仮定から，$S \in I$ はモデルをもつので，$\mathfrak{A}_S$ とする．つまり

$$\mathfrak{A}_S \models A$$

がすべての $A \in S$ について成立する．まず，$S \in I$ に対して

$$V_S = \{X \in I \mid S \subseteq X\}$$

と置くと，

第7章　1階述語論理の表現可能性の限界について

$$V_{S_0} \cap V_{S_1} = V_{S_0 \cup S_1}$$

が成立する．$V_S \neq \emptyset$ だから

$$\mathcal{F} = \{Y \subseteq I \mid \text{ある } S \in I \text{ について } V_S \subseteq Y\}$$

がフィルターとなる．このフィルター $\mathcal{F}$ を超フィルター $\mathcal{U}$ に拡張する[*]．当然

$$V_S \in \mathcal{U} \quad (S \in I)$$

が成立している．$A \in \mathcal{T}$ について

$$V_{\{A\}} \subseteq \{i \in I \mid \mathfrak{A}_i \models A\}$$

であるから，Łośの定理によって，

$$\Pi_{i \in I}\mathfrak{A}_i/\mathcal{U} \models A$$

である．よって $\Pi_{i \in I}\mathfrak{A}_i/\mathcal{U}$ が $\mathcal{T}$ のモデルとなる．　□

　さて，超積での成立，不成立が Łośの定理により判定できるので，少し具体例を考えてみることにする．とくに I が自然数の全体集合 $\mathbb{N}$ である場合を考える．超フィルター $\mathcal{U}$ が，1点で生成されるとき，つまり $X \in \mathcal{U}$ であることが $m \in X$ と同値となる m があるような場合，超積 $\Pi_{n \in \mathbb{N}}\mathfrak{A}_n/\mathcal{U}$ は $\mathfrak{A}_m$ と同型となり，とくに興味深いものとならない．そのため，超フィルターは次の Fréchet フィルターと呼ばれるフィルター $\mathcal{F}_0$ を含むものを考える．

$$\mathcal{F}_0 = \{X \subseteq \mathbb{N} \mid \mathbb{N} \setminus X \text{ は有限}\}$$

この $\mathcal{F}_0$ がフィルターとなることはこの章の練習問題 [4] としよう．さて，この $\mathcal{F}_0$ を含む超フィルターは1点で生成されるような超フィルターと異なり定義できるものではない．選択公理あるいはそれと似たような公理からその存在

---

[*] I の部分集合の全体を選択公理により整列しておき，X または $I \setminus X$ をつけ加えることにより極大フィルターに拡張すれば命題 32 により超フィルターとなる．

第7章　1階述語論理の表現可能性の限界について

が示せるものである，つまりいわゆる Zermelo-Frankel 集合論からはその存在を証明することはできない．とはいえ，$\mathcal{F}_0$ を含む超フィルターが存在しないと仮定するのも，別な仮定となるわけとなり，現代数学の大きな流れでは選択公理を仮定する方が興味深い結果が多く見られる．ともかく $\mathcal{F}_0$ を含む超フィルターを $\mathcal{U}$ とする．次に系 34 を利用するため，自然数 n について $\mathfrak{A}_n$ を整数のなす順序環 $(\mathbb{Z}, +, \cdot, \leq)$ とする．系 34 によって，$[c_u]_\mathcal{U}$ $(u \in \mathbb{Z})$ の全体は，$(\mathbb{Z}, +, \cdot, \leq)$ と同型であることがわかる．そこで，$[c_u]_\mathcal{U}$ と u を同一視する．また id を $\mathbb{N}$ 上の恒等写像，つまり $\mathrm{id}(n) = n$ とする．

ここで，超積 $\Pi_{n \in \mathbb{N}} \mathfrak{A}_n / \mathcal{U}$ の要素で $[\mathrm{id}]_\mathcal{U}$ を考えてみよう．記号が繁雑になるので，超積のなかでの和，積，順序も $+, \cdot, \leq$ で記すことにする．また，$[\ ]_\mathcal{U}$ は簡単に $[\ ]$ と記す．

Łoś の定理によって，$[c_u] \leq [\mathrm{id}]$ は

$$\{n \in \mathbb{N} \mid c_u(n) \leq \mathrm{id}(n)\} = \{n \in \mathbb{N} \mid u \leq n\} \in \mathcal{U}$$

と同値であるが，後者は $\mathcal{F}_0 \subseteq \mathcal{U}$ であることから成立する，つまり，すべての整数 u について $u \leq [\mathrm{id}]$ が成立する．系 34 によって，$[\mathrm{id}] - 1$ あるいは $[\mathrm{id}] - u$ (u は整数) が超積に存在するが，これらは，どの整数 v よりも大きくなる．それは $u + v < [\mathrm{id}]$ からわかる．つまり，$\Pi_{n \in \mathbb{N}} \mathfrak{A}_n / \mathcal{U}$ は順序環 $(\mathbb{Z}, +, \cdot, \leq)$ を部分順序環として含んでいて，系 34 でわかるように，非常に似た性質をもちながら，無限大ともいうべき要素 $[\mathrm{id}]$，マイナス無限大ともいうべき要素 $-[\mathrm{id}]$ を含んでいる．順序環 $(\mathbb{Z}, +, \cdot, \leq)$ は自然数上の $+, \cdot, \leq$ を負の要素に拡張して定義されるもので，一意に定義されるものである．つまり，その一意性を支える性質のうち何かは，この本で展開されている方法で表されていないということになる．整数環が同型を除き一意に定義されているということは，自然数論の $+, \cdot, \leq$ についての構造が一意に定義されているということによっている．この一意性を示すときの主役は，帰納法の公理であり，これを別の表現をすると，$\mathbb{N}$ の空でない部分集合は最小元をもつということに対応する．この本で扱っている構造と論理式の関係では，論理式が構造で解釈されるとき，$\forall x$ あるいは $\exists x$ は，構造の定義域の要素として解釈される．そのため，上記の帰納法の公

理はそのとおり解釈される枠組ではない．ペアノの自然数論というものが知られているが，現在では，ペアノの自然数論というと，この本で扱っている論理のなかに形式化されたものをさす場合が多い．その場合，ここで述べた超積の方法により，ペアノの自然数論のモデルに，同型でないものがいろいろ存在することになる．そのモデルの一意性のいえるような「ペアノの自然数論」というものは，通常第2階論理でのペアノ数論と呼ばれるもので，上記のように部分集合すべてを対象とする枠組で解釈されるものである．これは，結局，無限集合ということ，そして集合論へとつながっておりなかなか込み入った事情につながっている．説明をしてもきりがないので，ここでは，自然数全体を一意に規定できる数学的帰納法はこの本における構造と論理式の枠組では表現できていない，という事実を確認することに留まろう．ただ，このモデルだけでも数理論理のいろいろな側面を見せてくれるものなので，後の章でまたふれる．

第2章で述べたように，全順序構造であるということは，論理式によって表現できた．第2章の例における論理式の記述を使えば，その構造が群であるとか，環であるといったことも表現できることがわかる．しかし，その構造が有限であるということが表現できない．有限群を例として述べれば，次のようになる．どの有限群も公理系 T を満たし，公理系 T を満たす構造は有限群であるということが成り立つような公理系 T は存在しない．

系 36. 言語 L の公理系 T について，任意の自然数 n に対し定義域の濃度が n 以上の T のモデルが存在するならば，定義域の濃度が無限である T のモデルが存在する．

証明 論理式 C_n を次の論理式とする．

$$\exists x_1 \cdots \exists x_n \bigwedge_{1 \leq i < j \leq n} \neg\, x_i = x_j$$

ただし，$\bigwedge_{1 \leq i < j \leq n}$ は略記で，たとえば，$n = 3$ のときは

$$\exists x_1 \exists x_2 \exists x_3 (\neg\, x_1 = x_2) \wedge (\neg\, x_1 = x_3) \wedge (\neg\, x_2 = x_3)$$

のことである．この章の初めに書いた約束で，$=$ は通常の等しいという意味で

解釈することとしたから，$\mathfrak{A} \models C_n$ は $\mathfrak{A}$ の定義域の濃度が n 以上あるということと同値である．仮定から T のモデル $\mathfrak{A}_n$ で $\mathfrak{A}_n \models C_n$ となるものがある．$\mathcal{F}_0$ を含む超フィルターを $\mathcal{U}$ とする．すると $m \geq n$ ならば，$\mathfrak{A}_m \models C_n$ だから $\{m \mid \mathfrak{A}_m \models C_n\} \in \mathcal{F}_0 \subseteq \mathcal{U}$ となり，Loś の定理から

$$\Pi_{m \in \mathbb{N}} \mathfrak{A}_m / \mathcal{U} \models C_n$$

となる．これがすべての自然数 n で成立するので，$\Pi_{m \in \mathbb{N}} \mathfrak{A}_m / \mathcal{U}$ の濃度は無限となる．一方，各々の $\mathfrak{A}_m$ は T のモデルであるから，系 34 によって $\Pi_{m \in \mathbb{N}} \mathfrak{A}_m / \mathcal{U}$ も T のモデルとなる． □

この章の最後に，$\mathcal{F}_0$ を含む超フィルターを $\mathcal{U}$ による超積のもつ大切な性質を述べる．構造 $\mathfrak{A}$ が ω_1-飽和であるとは，次の性質を満たすことをいう．

自由変数 $a_1, \cdots, a_n$ 以外に自由変数の現れない可算個の論理式 φ_i について，m ごとに

$$(*) \quad \mathfrak{A} \models \bigwedge_{i \leq m} \varphi_i \genfrac[]{0pt}{}{a_1, \cdots, a_n}{u_1, \cdots, u_n}$$

となる $u_1, \cdots, u_n \in |\mathfrak{A}|$ が存在すれば，

$$(*) \quad \mathfrak{A} \models \varphi_m \genfrac[]{0pt}{}{a_1, \cdots, a_n}{v_1, \cdots, v_n}$$

がすべての m について成立するような $v_1, \cdots, v_n \in |\mathfrak{A}|$ が存在する

定理 37. $\mathcal{F}_0$ を含む $\mathbb{N}$ 上の超フィルターを $\mathcal{U}$ とすれば L-構造 $\mathfrak{A}_n$ $(n \in \mathbb{N})$ に関する超積 $\Pi_{n \in \mathbb{N}} \mathfrak{A}_n / \mathcal{U}$ は ω_1-飽和である．

証明 自由変数 $a_1, \cdots, a_n$ 以外に自由変数の現れない可算個の論理式 φ_m について，$u_{mk} \in \Pi_{n \in \mathbb{N}} \mathfrak{A}_n$

$$\Pi_{j \in \mathbb{N}} \mathfrak{A}_j / \mathcal{U} \models \bigwedge_{i \leq m} \varphi_i \genfrac[]{0pt}{}{a_1, \cdots, a_n}{[u_{m1}], \cdots, [u_{mn}]}$$

が成立しているとする．定理 33 によって，

$$S_m = \{j \in \mathbb{N} \mid \mathfrak{A}_j \models \bigwedge_{i \leq m} \varphi_i \genfrac[]{0pt}{}{a_1, \cdots, a_n}{u_{m1}(j), \cdots, u_{mn}(j)}\} \in \mathcal{U}$$

が成立する．$\mathcal{F}_0 \subseteq \mathcal{U}$ を使って，$T_m \subseteq S_m$ を帰納的に $T_m \in \mathcal{U}$, $T_{m+1} \subseteq T_m$ でかつ $T_m \cap \{1, \cdots, m\} = \emptyset$ となるように選ぶ．

$v_{mk} \in \Pi_{n \in \mathbb{N}} \mathfrak{A}_n$ を以下のように定義する．

$$v_k(j) = \begin{cases} u_{mk}(j) & \text{for } j \in T_m \setminus T_{m+1} \\ u_{1k}(j) & \text{for } j \notin T_1 \end{cases}$$

すると $T_m = \bigcup_{l \geq m} T_l \setminus T_{l+1}$ であり，$j \in T_l \setminus T_{l+1}$ $(l \geq m)$ に対して

$$\mathfrak{A}_j \models \varphi_m \begin{bmatrix} a_1, \cdots, a_n \\ u_{l1}(j), \cdots, u_{ln}(j) \end{bmatrix}$$

だから $j \in T_m$ に対して

$$\mathfrak{A}_j \models \varphi_m \begin{bmatrix} a_1, \cdots, a_n \\ v_1(j), \cdots, v_n(j) \end{bmatrix}$$

が成り立つ．再び定理 33 によって，

$$\Pi_{j \in \mathbb{N}} \mathfrak{A}_j / \mathcal{U} \models \varphi_m \begin{bmatrix} a_1, \cdots, a_n \\ [v_1], \cdots, [v_n] \end{bmatrix}$$

が成り立つ． □

第 7 章 練習問題

[1] 命題 32 の証明の中で，$\mathcal{G}$ がフィルターであることを証明せよ．

[2] 縮積の定義の中の $\sim_{\mathcal{F}}$ が同値関係となることを証明せよ．

[3] 定理 33 の証明の中で $a_1, \cdots, a_n$ 以外に自由変数を含まない項 t について $\tau(i) = (t \begin{bmatrix} a_1, \cdots, a_n \\ u_1(i), \cdots, u_n(i) \end{bmatrix})^{\mathfrak{A}_i}$ と置くと

$$(t \begin{bmatrix} a_1, \cdots, a_n \\ [u_1]_{\mathcal{U}}, \cdots, [u_n]_{\mathcal{U}} \end{bmatrix})^{\mathfrak{C}} = [\tau]_{\mathcal{U}}$$

となることを証明せよ．

[4] $\mathcal{F}_0$ がフィルターであることを証明せよ．また I が非可算集合であるとき，

$$\mathcal{F}_1 = \{ X \subseteq I \mid I \setminus X \text{ が高々可算である} \}$$

とすると，$\mathcal{F}_1$ がフィルターであることを証明せよ．

第8章
初等部分構造について

この章では，モデル理論で重要であり，数理論理学を応用する際はとくに重要である初等部分構造について説明する．L-構造 $\mathfrak{A}, \mathfrak{B}$ について $A = |\mathfrak{A}|, B = |\mathfrak{B}|$ とする．次が成立するとき，$\mathfrak{A}$ は $\mathfrak{B}$ の部分構造であるという．

1. $A \subseteq B$;
2. n-変数述語記号 P について $P^{\mathfrak{A}} = P^{\mathfrak{B}} \cap A^n$;
3. 関数記号 f について $f^{\mathfrak{A}} = f^{\mathfrak{B}}|A^n$;
4. 定数記号 c について $c^{\mathfrak{A}} = c^{\mathfrak{B}}$.

この概念は，部分群，部分環の概念を L-構造に拡張したものになっている．言語 L が関数記号，定数記号を含まないときは B の空でない部分集合 A は，述語記号の解釈を制限することにより，自然に $\mathfrak{B}$ の部分構造を与えている．

$\mathfrak{A}$ が $\mathfrak{B}$ の部分構造であれば，$\forall, \exists$ を含まない論理式 F に対して，自由変数が $a_1, \cdots, a_n$ 以外 F に含まれないとすると，$u_1, \cdots, u_n \in |\mathfrak{A}|$ に対して $\mathfrak{A} \models F[^{a_1,\cdots,a_n}_{u_1,\cdots,u_n}]$ と $\mathfrak{B} \models F[^{a_1,\cdots,a_n}_{u_1,\cdots,u_n}]$ が同値となる．

すべての論理式 F について，この同値が成立するとき，$\mathfrak{A}$ が $\mathfrak{B}$ の初等部分構造であるという．また $\mathfrak{B}$ が $\mathfrak{A}$ の初等拡大であるという．

もちろん $\mathfrak{B}$ 自身は $\mathfrak{B}$ の初等部分構造となるが，このような自明な場合を除くと，初等部分構造の例は意外に少なく見えると思う．一番簡単なのは，$=$ 以外の述語記号および，関数記号がない無限構造の部分構造はその例となるが，これはあまり面白い例とはいえない．

数学的な対象としてよく知られているものの例としては，順序構造に関して

($\mathbb{Q}, \leq$) が ($\mathbb{R}, \leq$) の初等部分構造である．また，($\overline{\mathbb{Q}}, \cdot, +$) を ($\mathbb{Q}, \cdot, +$) の代数閉包とすると，これは ($\mathbb{C}, \cdot, +$) の初等部分構造である．この 2 つの例は，量化子除去 (Quantifier Elimination) を使って証明される (Chang-Keisler: Model Theory 参照)．つまり，これらの構造あるいは少し言語を拡長した構造で，どんな論理式も量化子 ($\forall, \exists$) を含まない論理式と同値となる．そのため，部分構造であることから初等部分構造であることがわかる．

このような個々の場合とは別に，前の章で述べた超積を使って，初等部分構造の例が得られる．系 34 から $u \mapsto [c_u]$ によって超積 $\Pi_{n\in\mathbb{N}}\mathfrak{A}_n/\mathcal{U}$ に埋め込まれた $\mathfrak{A}$ と同型な構造は，$\Pi_{n\in\mathbb{N}}\mathfrak{A}_n/\mathcal{U}$ の初等部分構造となる．$\mathfrak{A}$ が無限構造であり，$\mathcal{U}$ を $\mathcal{F}_0$ を含む，$\mathbb{N}$ 上の超フィルターとすれば，系 34 の後の議論と同じようにして，この埋め込みが全射ではないことがわかる．つまり，自明でない初等部分構造が得られる．

この章の残りの部分で，初等部分構造に関する Löwenheim-Skolem の定理を証明し，その応用の 1 つとして第 3 章で述べた ($\mathbb{N}, \leq$) での定義可能集合に関することの証明をあたえる．また応用上重要である，初等部分構造の連鎖の和に関する Tarski の定理を証明する．

定理 38. (Löwenheim-Skolem の定理)

L を可算言語とし，$\mathfrak{B}$ が無限 L-構造とする．

(1) 無限濃度 κ が $|\mathfrak{B}|$ の濃度以下とし，$|\mathfrak{B}|$ の部分集合 S の濃度が κ 以下とする．このとき，$\mathfrak{B}$ の初等部分構造 $\mathfrak{A}$ で $|\mathfrak{A}|$ が S を含み，濃度が κ となるものが存在する．

(2) $|\mathfrak{B}|$ 以上の任意の無限濃度 κ に対して $\mathfrak{B}$ の初等拡大 $\mathfrak{A}$ で，$|\mathfrak{A}|$ の濃度が κ となるものが存在する．

$\mathcal{D}(\mathfrak{B})$ を $L(\mathfrak{B})$ の閉論理式で $\mathfrak{B}$ で成立するものすべての集合とする．次の補題は L の任意の閉論理式 F について F または $\neg F$ が $\mathcal{D}(\mathfrak{A})$ に属していることから明らかである．

補題 39. L-構造 $\mathfrak{A}, \mathfrak{B}$ について，$\mathfrak{A}$ が $\mathfrak{B}$ の部分構造とする．すべての $F \in \mathcal{D}(\mathfrak{A})$ について $\mathfrak{B} \models F$ であることは $\mathfrak{A}$ が $\mathfrak{B}$ の初等部分構造である必要十分

第 8 章 初等部分構造について

条件である．

(定理 38 の証明)

(1) $\exists xA$ を自由変数を含む L 論理式で，その自由変数が $a_1, \cdots, a_n$ 以外にないとする．このとき，写像 $f : |\mathfrak{B}|^n \to |\mathfrak{B}|$ について，$\mathfrak{B} \models \exists xA\begin{bmatrix}a_1,\cdots,a_n\\u_1,\cdots,u_n\end{bmatrix}$ と $\mathfrak{B} \models A\begin{bmatrix}a_1,\cdots,a_n,x\\u_1,\cdots,u_n,f(u_1,\cdots,u_n)\end{bmatrix}$ がすべての $(u_1,\cdots,u_n) \in |\mathfrak{B}|^n$ について同値なとき f は $\exists xA$ の Skolem function と呼ばれている．$\exists xA$ の Skolem function は「存在すればそれをとる」というものであるから，$|\mathfrak{B}|$ が整列可能ならその整列順序で最小のものとすることにより定義できる．つまり，$\exists xA$ の Skolem function は選択公理を仮定すれば常に存在するものである．これを，$f_{\exists xA}$ で表す．

無限濃度 κ が $|\mathfrak{B}|$ 以下であるから，U_0 を S を含む $|\mathfrak{B}|$ の濃度 κ の部分集合とする．U_m が定義されているとき，U_{m+1} を

$$\{f_{\exists xA}(U_m{}^n) : \exists xA \text{ は } L \text{ 論理式で } f_{\exists xA} \text{ は } n \text{ 変数}\}$$

とする．L が可算言語なので，U_m の濃度はすべて κ で，$\bigcup_{m=0}^{\infty} U_m$ の濃度も κ となる．$|\mathfrak{A}| = \bigcup_{m=0}^{\infty} U_m$ となる $\mathfrak{B}$ の部分構造 $\mathfrak{A}$ がある．それをいうには，$\bigcup_{m=0}^{\infty} U_m$ が関数記号 g に対して $g^\mathfrak{B}$ で閉じている必要がある．$\mathfrak{B} \models \forall x_1 \cdots \forall x_n \exists x g x_1 \cdots x_n = x$ であるので，$g^\mathfrak{B}$ と $f_{\exists xga_1\cdots a_n=x}$ が同じ関数となる．このことから，$\bigcup_{m=0}^{\infty} U_m$ すなわち $|\mathfrak{A}|$ が $f^\mathfrak{B}$ で閉じていることがわかる．$\mathfrak{A}$ は $\mathfrak{B}$ の部分構造である．

すべての $F \in D(\mathfrak{A})$ に対して $\mathfrak{B} \models F$ であることを F に含まれる論理記号の個数に関する帰納法で証明する．

F に論理記号が含まれないときは，$\mathfrak{A}$ は $\mathfrak{B}$ の部分構造であるから成立している．論理記号 $\neg, \wedge, \vee$ に関しては，定義を追うだけである．F が $\exists xA$ であるとき，$a_1, \cdots, a_n$ 以外に自由変数を含まない論理式 $\exists xB, u_1, \cdots, u_n \in |\mathfrak{A}|$ があって $\exists xA \equiv \exists xB\begin{bmatrix}a_1,\cdots,a_n\\u_1,\cdots,u_n\end{bmatrix}$ である．

$\mathfrak{A} \models \exists xA$ ならば $u \in |\mathfrak{A}|$ があって，$\mathfrak{A} \models B\begin{bmatrix}a_1,\cdots,a_n,x\\u_1,\cdots,u_n,u\end{bmatrix}$ である．帰納法の仮定から，$\mathfrak{B} \models B\begin{bmatrix}a_1,\cdots,a_n,x\\u_1,\cdots,u_n,x\end{bmatrix}$ であるから，$\mathfrak{B} \models \exists xB\begin{bmatrix}a_1,\cdots,a_n\\u_1,\cdots,u_n\end{bmatrix}$，つまり $\mathfrak{B} \models \exists xA$ である．

逆に $\mathfrak{B} \models \exists x A$ とする．Skolem function の定義から

$$\mathfrak{B} \models B\begin{bmatrix}a_1,\cdots,a_n,x\\u_1,\cdots,u_n,f_{\exists xB}(u_1,\cdots,u_n)\end{bmatrix}$$

が成立する．$f_{\exists xB}(u_1,\cdots,u_n) \in |\mathfrak{A}|$ であるから，帰納法の仮定から，

$$\mathfrak{A} \models B\begin{bmatrix}a_1,\cdots,a_n,x\\u_1,\cdots,u_n,f_{\exists xB}(u_1,\cdots,u_n)\end{bmatrix}$$

が成立するので，$\mathfrak{A} \models \exists xB\begin{bmatrix}a_1,\cdots,a_n\\u_1,\cdots,u_n\end{bmatrix}$，つまり $\mathfrak{A} \models \exists x A$ である．

(2) 濃度 κ の集合を I とする．$D(\mathfrak{B})$ の中に現れない定数を c_i $(i \in I)$ とし，公理系

$$D(\mathfrak{B}) \cup \{\neg c_i = c_j : i \neq j,\ i,j \in I\}$$

を考える．この公理系は無矛盾である．矛盾するということは，この公理系の有限部分から矛盾が出るということである．しかし，$\neg c_i = c_j\ (i \neq j)$ が有限個ならば，$|\mathfrak{B}|$ が無限であることから，その有限個の c_i の解釈をすべて異なるように $|\mathfrak{B}|$ のなかにとれるので，

$$D(\mathfrak{B}) \cup \{\neg c_i = c_j : i \neq j,\ i,j \in I\}$$

の有限部分は矛盾しないことがわかる，つまり，無矛盾である．定理 16 から，すべての

$$F \in D(\mathfrak{B}) \cup \{\neg c_i = c_j : i \neq j,\ i,j \in I\}$$

について $\mathfrak{A} \models F$ となる $\mathfrak{A}$ が存在する．$u \in |\mathfrak{B}|$ と $(\underline{u})^{\mathfrak{A}}$ を同一視し，$\mathfrak{A}$ を言語 L に制限すれば，$\mathfrak{A}$ は $\mathfrak{B}$ の初等拡大となる．また

$$\neg c_i = c_j (i \neq j,\ i,j \in I)$$

を満たすので，$|\mathfrak{A}|$ の濃度は，κ 以上となる．濃度 κ である $\mathfrak{A}$ の初等部分構造でこの同一視された $|\mathfrak{B}|$ を含むものが (1) の証明で得られる．これは，$\mathfrak{B}$ の初等拡大である．　　□

第 8 章 初等部分構造について

定理 40. (Tarski の定理) 言語 L について，$\mathfrak{A}_\alpha$ ($\alpha < \gamma$) が L-構造で $\alpha < \beta < \gamma$ のとき $\mathfrak{A}_\alpha$ が $\mathfrak{A}_\beta$ の初等部分構造となっているとする．このとき

$$|\mathfrak{A}| = \bigcup_{\alpha < \gamma} |\mathfrak{A}_\alpha|$$

として述語記号 P, 関数記号 f に対して

$$P^{\mathfrak{A}} = \bigcup_{\alpha < \gamma} P^{\mathfrak{A}_\alpha},$$

$$f^{\mathfrak{A}} = \bigcup_{\alpha < \gamma} f^{\mathfrak{A}_\alpha}$$

とすれば，$\mathfrak{A} = (|\mathfrak{A}|, P^{\mathfrak{A}}, f^{\mathfrak{A}})$ は $\mathfrak{A}_\alpha$ の初等拡大となる．

証明 まず $\mathfrak{A}_\alpha$ が $\mathfrak{A}$ の部分構造であることは，述語については定義から明らかであり，関数については各々の $\mathfrak{A}_\beta$ が関数で閉じておりその拡張をとっているので成立する．補題 39 によって $F \in \mathcal{D}(\mathfrak{A}_\alpha)$ に対して $\mathfrak{A} \models F$ を示せばよい．これを，F に現れる論理記号の個数に関する帰納法で証明する．帰納法を正確に述べるため，$^\dagger F$ を F に現れる論理記号の数とする．

> すべての α について，$^\dagger F \leq m$ で $F \in \mathcal{D}(\mathfrak{A}_\alpha)$ ならば $\mathfrak{A} \models F$ が成立する

ということを，m についての帰納法で証明する．論理記号が 1 つもないとき，つまり $m = 0$ のときは $\mathfrak{A}_\alpha$ が $\mathfrak{A}$ の部分構造であることから成立する．F の一番外側の論理記号が，$\forall$ または $\exists$ でないときは，帰納法の仮定から直接に証明される．

$F \equiv \exists x G$ のとき．

$$\mathfrak{A}_\alpha \models \exists x G$$

だから，

$$\mathfrak{A}_\alpha \models G[^x_u]$$

となる $u \in |\mathfrak{A}_\alpha| \subseteq |\mathfrak{A}|$ が存在する．つまり

$$\mathfrak{A} \models \exists x G$$

が成立する.

$F \equiv \forall x G$ のとき. $u \in |\mathfrak{A}|$ とすると $\beta \geq \alpha$ で $u \in |\mathfrak{A}_\beta|$ となるものがある. ここで $\mathfrak{A}_\beta$ が $\mathfrak{A}_\alpha$ の初等拡大であることを使うと

$$\mathfrak{A}_\beta \models \forall x G$$

が成立するから

$$\mathfrak{A}_\beta \models G[{}^x_u]$$

が成立する. ここで帰納法の仮定を $\mathfrak{A}_\beta$ に対して使うと $^\#G$ が $^\#F$ より 1 つ少ないので

$$\mathfrak{A} \models G[{}^x_u]$$

が成立する. それで

$$\mathfrak{A} \models \forall x G$$

が成立する. □

以下で, 第 3 章で途中まで述べた $(\mathbb{N}, \leq)$ に関する定義可能集合について次の命題を証明する.

命題 41. 構造 $(\mathbb{N}, \leq)$ で定義できる $\mathbb{N}$ の部分集合を S とする. このとき S または $\mathbb{N} \setminus S$ は有限である.

これを証明するため, 次のよく知られている事実を証明する.

命題 42. 構造 $(\mathbb{N}, +, \leq)$ が可算構造 $\mathfrak{A}$ の初等部分構造であり, $|\mathfrak{A}| \neq \mathbb{N}$ とする. このとき, $\mathfrak{A}$ の順序構造, つまり $(|\mathfrak{A}|, \leq^{\mathfrak{A}})$ は $(\mathbb{N} \cup \mathbb{Q} \times \mathbb{Z}, \leq)$ と同型である. ただし, $n \in \mathbb{N}$, $(q, m) \in \mathbb{Q} \times \mathbb{Z}$ に対して, $n < (q, m)$ で, $(q, m), (q', m') \in \mathbb{Q} \times \mathbb{Z}$ に対して,

(1) $q < q'$ ならば $(q, m) < (q', m')$;
(2) $q = q'$ かつ $m < m'$ ならば $(q, m) < (q', m')$

第 8 章 初等部分構造について 93

として順序を定める.

証明 すでに第 3 章に述べたように $\{1\}$ は $(\mathbb{N}, +, \leq)$ で定義可能集合であるから，1 は定数記号のように使うことにする.

自然数 n について $n+1$ は n より大きい最小の自然数である，自然数 n について $1 < n$ ならば $n-1$ が n より小さい最大の自然数である，自然数 n について $n < n+n$ である，自然数 n は偶数か $n+1$ は偶数である，といったことから，次の論理式が $(\mathbb{N}, +, \leq)$ で成立する.

(1) $\forall x(n < x \to n+1 \leq x)$;
(2) $\forall x(1 < x \land \exists y(y+1 = x))$;
(3) $\forall x(x < x+x)$;
(4) $\forall x \forall y(y+1 < x \to \exists z((z+z = x+y \lor z+z = x+y+1) \land y < x))$

これらのことと，各々の n が $\mathbb{N}$ の n-番目の要素になっていること $(\mathbb{N}, +, \leq)$ が全順序であることを考慮する. $(\mathbb{N}, +, \leq)$ が $\mathfrak{A}$ の初等部分構造なので，論理式で表せるこれらの性質はすべて $\mathfrak{A}$ で成立する.

このことから，まず $\mathfrak{A}$ の順序の前のほうは，$\mathbb{N}$ となっていることがわかる. 次に $u \in \mathfrak{A} \setminus \mathbb{N}$ については，(1) と (2) から $u-1, u+1$ があるので，u の近くの構造は $\mathbb{Z}$ の順序構造であることがわかる.

$$u + \mathbb{Z} = \{u + a \mid a \in \mathbb{Z}\}$$

によって，この部分集合を表す．$u, v \in \mathfrak{A} \setminus \mathbb{N}$ については

$$u + \mathbb{Z} \cap v + \mathbb{Z} \neq \emptyset$$

が

$$u + \mathbb{Z} = v + \mathbb{Z}$$

と同値となる．このことから，$u + \mathbb{Z}$ $(u \in \mathfrak{A} \setminus \mathbb{N})$ の全体が全順序集合となっていることがわかる．また (4) を使うと定理 13 からこの全順序構造は $(\mathbb{Q}, \leq)$ と同型であることがわかる． □

(命題 41 の証明)

第 7 章で $(\mathbb{Z}, +, \leq)$ の超積を作ったが，この部分構造である $(\mathbb{N}, +, \leq)$ の超積を考察する．$[c_n]$ と $n \in \mathbb{N}$ を同一視すれば，定理 38 の前の所に述べているように $(\mathbb{N}, +, \leq)$ はこの超積の初等部分構造であり，$[\mathrm{id}]$ は $\mathbb{N}$ に含まれない．そこで，$[\mathrm{id}] \cup \mathbb{N}$ に定理 38 を適用する．これにより命題 41 の条件を満たす構造 $\mathfrak{A}$ が得られる．

いま $S \subseteq \mathbb{N}$ を $(\mathbb{N}, \leq)$ の定義可能集合とする．つまり，論理式 F があって

$$S = \{ n \in \mathbb{N} \mid (\mathbb{N}, \leq) \models F[{}^a_n] \}$$

が成立している．背理法で証明するため，S と $\mathbb{N} \setminus S$ がともに無限であると仮定する．

$$(\mathbb{N}, \leq) \models \forall x \exists y (x \leq y \land F[{}^a_y]) \land \forall x \exists y (x \leq y \land \neg F[{}^a_y])$$

であるから

$$\mathfrak{A} \models \forall x \exists y (x \leq y \land F[{}^a_y]) \land \forall x \exists y (x \leq y \land \neg F[{}^a_y])$$

である．$\mathfrak{A}$ の順序構造から，$u, v \in |\mathfrak{A}| \setminus \mathbb{N}$ で $u \leq v$，$u + \mathbb{Z} \cap v + \mathbb{Z} = \emptyset$，

$$(*) \quad \mathfrak{A} \models F[{}^a_u] \land \neg F[{}^a_v]$$

であるものがある．順序構造 $(\mathbb{Z}, \leq), (\mathbb{Q}, \leq)$ は共に均質性，つまりどの元も他の元に移す同型写像があるから，順序構造 $(\mathbb{Z} \times \mathbb{Q}, \leq)$ も均質性をもっている．$\mathfrak{A}$ の順序構造自身は均質性はないが，$\mathbb{N}$ を固定した $\mathfrak{A}$ の自己同型写像で u を v に移すものがある．命題 15 に $(*)$ は矛盾する． □

第 8 章 練習問題

[1] 群 $(G, \cdot)$ が与えられているとき，どのような構造を加えれば，部分構造が部分群となるか？

第 8 章 初等部分構造について 95

[2] 群 $(\mathbb{Z}, +)$ の部分構造で正負の元をともに含む構造をすべてあげよ．また，そのなかで初等部分構造はどれか?

[3] 群 $(\mathbb{Q}, +)$ の初等部分構造にはどのようなものがあるか?

[4] 群 $(\mathbb{Q} \setminus \{0\}, \cdot)$ は $\mathbb{Z}/2\mathbb{Z}$ と可算生成の自由アーベル群の直和であることを証明せよ．

[5] 群 $(\mathbb{R} \setminus \{0\}, \cdot)$ は $\mathbb{Z}/2\mathbb{Z}$ と有理数群 $(\mathbb{Q}, +)$ の連続体濃度個のコピー (有理数群と同型のもの) の直和である．

第9章
簡単な超準解析の導入

　第 7 章で定義した超積，あるいは第 8 章で述べた初等拡大は，超準解析という形で数学のいろいろな分野に応用されている．ここでは，その基礎的な考え方を述べる．いわゆる基礎ではなく，簡単な超準解析の導入をする．

　明確な概念をつかむために，ここでは添字集合が $\mathbb{N}$ で第 7 章で定義した $\mathcal{F}_0$ を含む $\mathbb{N}$ 上の超フィルター $\mathcal{U}$ を固定して話を進める．すでに，いろいろな構造を定義してきているので，それら 1 つ 1 つについて $\mathcal{U}$ を使った超積がそれらの構造について定義できる．これらをすべて使えるわけだが，ここでは

$$\mathfrak{A} = (\mathbb{R}, \mathbb{Q}, \mathbb{Z}, \mathbb{N}, +, \cdot, \leq, <, f, g, \cdots)$$

という構造に着目する．$\mathbb{Q}, \mathbb{Z}, \mathbb{N}$ は 1 変数述語の解釈であり，$f, g, \cdots$ はすべての関数をならべあげているとする．この章で実際に使うのは，$\mathbb{N}$ で，これに対応する述語記号は $N(a)$ とする．たとえば自然数から自然数への関数も，自然数以外は 0 を対応させる実数関数に拡張すれば，この構造のなかで言語 $L(\mathfrak{A})$ を使っていろいろなものを定義できることがわかる．一般に超準解析では，集合論のユニバースということから始めるのが普通であるが，それは応用できる範囲をあらかじめ広くとるためそのようにする．しかし集合論のユニバースというのは集合論を研究している人以外は意識しないことなので，理解が先に進まなくなることはよくあることのようである．ここでは，$f, g, \cdots$ は少しだけを想定するとよいと思う．

　$\mathfrak{A}$ の超積を $^*\mathfrak{A}$ で記す．その他 $^*\mathbb{R}, ^*\mathbb{Q}, ^*+, ^*\leq, ^*<, ^*f$ などが各々の超積に

関する対象となる.

命題 41 の証明でも使った [id] が中心的役割をはたす. [id] を今後 ω と記す. これは超準解析での伝統で, 集合論では ω は最小の無限順序数であるが, この章では ω は [id] のことで $\omega \in {}^*\mathbb{N}\setminus\mathbb{N}$ である. ${}^*\mathbb{N}\setminus\mathbb{N}$ の要素は「無限大の自然数」と呼ばれる. ${}^*\mathfrak{A}$ は体の構造をもっているので, $1/\omega$ が存在する. これを ε と記す. ε は正の要素である. もともと $\mathfrak{A}$ にある対象で定義可能なものは, ${}^*\mathfrak{A}$ でも同じ定義式で定義できるものと同一視して, 誤解が起きない範囲で同じ記号で表す. たとえば, 自然数 n は ${}^*\mathbb{N}$ に入っていると思う. 一般に, 系 34 によって定数関数を使うことにより, $\mathfrak{A}$ を ${}^*\mathfrak{A}$ の部分構造とみなせる. 同じ記号で書く正当性は, たとえば次のようなところにある. 絶対値については $|a| = b$ 考えると $0 < b \wedge (a = b \vee a + b = 0)$ と同値であるので, $<$ および $+$ を述語記号あるいは関数記号と思えば同じ記号で書くこともそれほど具合の悪いことではない. また $\mathbb{R} \subseteq {}^*\mathbb{R}$, $\mathbb{N} \subseteq {}^*\mathbb{N}$ などが成立している. 誤解が起きない範囲で, と書いたが $\mathbb{R}$ と ${}^*\mathbb{R}$ は同じ記号では書かない. その理由はその $\omega \in {}^*\mathbb{R} \setminus \mathbb{R}$ が本質的な役割をはたすところだからである. それに比べ, ${}^*n\, {}^*{<}\, \omega$ と同じ意味で $n < \omega$ と表す. また関数 $\sin$ や絶対値をとる関数 $|\ |$ などもそのまま使う.

超準解析で大切な操作で, 今までの章に現れていないものは次のものである.

$$\overline{\mathbb{R}} = \{x \in {}^*\mathbb{R} \mid |x| < n \text{ なる } n \in \mathbb{N} \text{ が存在する }\}$$

とすると $x \in \overline{\mathbb{R}}$ に対して, 実数 $u \in \mathbb{R}$ で

$$|x - u| < 1/n$$

がすべての $n \in \mathbb{N}$ について成立するものが一意に存在する. $u_n \in \mathbb{R}$ を $|x - u_n| < 1/n$ となるように選べば $(u_n : n \in \mathbb{N})$ はコーシー列となる. これから u の存在がいえ, かつその一意性も明らかである. この u を x の標準部分と呼び, $\mathrm{st}(x)$ で表す. つまり

$$|x - \mathrm{st}(x)| < 1/n$$

がすべての $n \in \mathbb{N}$ について成立する. 一般に $x, y \in {}^*\mathbb{R}$ について, $|x - y| < 1/n$ がすべての $n \in \mathbb{N}$ について成立するとき

第9章 簡単な超準解析の導入

$$x \sim y$$

と表す. $x \in \overline{\mathbb{R}}$ のとき $x \sim \mathrm{st}(x)$ が成立する.

命題 43. 実数列 $(a_n : n \in \mathbb{N})$ が実数 u に収束していれば, $a_\omega \sim u$ が成立する.

証明 実数列というのは $\mathbb{N}$ から $\mathbb{R}$ への関数であることに注意すれば, a_ω すなわち $(\ast a)_\omega$ が定義されていることに注意する.

$n \in \mathbb{N}$ に対して $m \in \mathbb{N}$ があって

$$\mathfrak{A} \models \forall k\,(m \leq k \to |a_k - u| < 1/n)$$

が成立する. よって

$$\ast\mathfrak{A} \models \forall k\,(m \leq k \to |a_k - u| < 1/n)$$

が成立し, $m < \omega$ だから

$$|a_\omega - u| < 1/n$$

となる. よって $\mathrm{st}(a_\omega) = u$ を得る. □

系 44.

$$\mathrm{st}((1+\varepsilon)^\omega) = e$$

ここで e は自然対数の底である.

命題 45. 実関数 f が実数 u で連続であることと任意の $x \in {}^\ast\mathbb{R}$ について

$$x \sim u \text{ ならば } f(x) \sim f(u)$$

が成立することは同値である.

証明 f が u で連続であることは, 任意の $n \in \mathbb{N}$ に対してある $m \in \mathbb{N}$ が存在し

$$\mathfrak{A} \models \forall x \, (|x-u| < 1/m \to |f(x) - f(u)| < 1/n)$$

が成立することである．最後の式は

$${}^*\mathfrak{A} \models \forall x \, (|x-u| < 1/m \to |f(x) - f(u)| < 1/n)$$

が成立することと同値であるから，f が u で連続なら任意の $x \in {}^*\mathbb{R}$ について

$$x \sim u \text{ ならば } f(x) \sim f(u)$$

である．f が u で連続でないとすると，ある $n \in \mathbb{N}$ が存在して

$$|y_m - u| < 1/m \text{ かつ } |f(y_m) - f(u)| \geq 1/n$$

が成立する y_m をとることができる．この y を $\mathbb{N}$ から $\mathbb{R}$ の関数であると思うと

$$\mathfrak{A} \models \forall x \, (N(x) \to |y_x - u| < 1/x \land |f(y_x) - f(u)| \geq 1/n)$$

であるから

$$^*\mathfrak{A} \models |y_\omega - u| < 1/\omega \land |f(y_\omega) - f(u)| \geq 1/n$$

となる．$y_\omega \sim u$ でかつ $f(y_\omega) \sim f(u)$ が成立していない． □

命題 46. 実関数 f が一様連続であることと任意の $x, y \in {}^*\mathbb{R}$ について

$$x \sim y \text{ ならば } f(x) \sim f(y)$$

が成立することは同値である．

証明 f が一様連続であるとは，任意の $n \in \mathbb{N}$ に対してある $m \in \mathbb{N}$ が存在し

$$\mathfrak{A} \models \forall x \forall y \, (|x-y| < 1/m \to |f(x) - f(y)| < 1/n)$$

が成立することである．連続性と同じように

第9章 簡単な超準解析の導入

$$x \sim y \text{ ならば } f(x) \sim f(y)$$

であることが結論される．f が一様連続でないとすると，ある $n \in \mathbb{N}$ が存在して

$$|x_m - y_m| < 1/m \text{ かつ } |f(x_m) - f(y_m)| \geq 1/n$$

が成立する x_m, y_m をとることができる．x_ω, y_ω を考えれば連続性に関する証明の場合と同様に $x_\omega \sim y_\omega$ でかつ $f(x_\omega) \sim f(y_\omega)$ が成立していないことがわかる． □

命題 47. 関数 f が実数 u で微分可能であるとき

$$f'(u) = \text{st}\left(\frac{f(u+\varepsilon) - f(u)}{\varepsilon}\right)$$

が成立する．

証明

$$f'(u) = \lim_{n \to \infty} \frac{f(u+1/n) - f(u)}{1/n}$$

であるから命題 43 により

$$f'(u) = \text{st}\left(\frac{f(u+1/\omega) - f(u)}{1/\omega}\right) = \text{st}\left(\frac{f(u+\varepsilon) - f(u)}{\varepsilon}\right)$$

である． □

今まで，いくつかの概念が超準解析の枠組でどのように表現されるかを見てきた．ここで閉区間 $[a,b]$ で連続な関数 f が $[a,b]$ で最大値をとることの超準解析を使った証明をしてみよう．すでに証明されていることを証明することが超準解析の目的ではないわけだが，どのように証明がなされるかを習得する目的で証明を追ってみよう．

数列 $x_n \in \{a + i(b-a)/n \mid 0 \leq i \leq n\}$ を

$$f(x_n) = \max\{f(a + i(b-a)/n) \mid 0 \leq i \leq n\}$$

が成立するように選ぶ．x を自然数全体を定義域とする関数と見れば

$\mathfrak{A} \models \forall u \forall v \, (N(u) \wedge N(v) \wedge v \leq u \to f(a + v(b-a)/u) \leq f(x_u))$

$\wedge \ \forall u \, (N(u) \to a \leq x_u \leq b)$

$\wedge \ \forall y \, (a \leq y \leq b \to$

$\exists v \, (N(v) \wedge v \leq u \wedge |y - (a + v(b-a)/u)| \leq 1/u))$

が成立している．*$\mathfrak{A}$ が初等拡大であるから

*$\mathfrak{A} \models \forall v \, (N(v) \wedge v \leq \omega \ \to \ f(a + v(b-a)/\omega) \leq f(x_\omega))$

$\wedge \ a \leq x_\omega \leq b$

$\wedge \ \forall y \, (a \leq y \leq b \to$

$\exists v \, (N(v) \wedge v \leq \omega \wedge |y - (a + v(b-a)/\omega)| \leq 1/\omega))$

が成立する．2 番目の論理式から，$\mathrm{st}(x_\omega) \in [a,b]$ が存在することがわかる．$f(\mathrm{st}(x_\omega))$ が最大値であることは，次のようにわかる．$y \in [a,b]$ とすると最後の論理式から，$0 \leq v \leq \omega$ で

$$|y - (a + v(b-a)/\omega)| \leq 1/\omega$$

が成立するものがある．$y \sim a + v(b-a)/\omega$ が成立している．命題 45 から

$$f(y) \sim f(a + v(b-a)/\omega), \quad f(\mathrm{st}(x_\omega)) = \mathrm{st}(f(x_\omega))$$

であり，$f(a + v(b-a)/\omega) \leq f(x_\omega)$ が成立しているので

$$f(y) = \mathrm{st}(f(a + v(b-a)/\omega)) \leq \mathrm{st}(f(x_\omega)) = f(\mathrm{st}(x_\omega))$$

が成立する．つまり，f は $\mathrm{st}(x_\omega)$ で最大値をとる．

第10章
数理論理学と数学

　第1章で述べたように，数学は論理式によって記述できる．この記述のためには多くの準備が必要である．この章で，その準備をしようというわけではなく，どのような準備のもとに記述できるかを説明する．数学を厳格な数理論理学の枠組に取り込むことは1900年ころからHilbertを中心にその試みが始まったといってよいと思う．その結果，公理的集合論が整備され，数学のすべては，意識的にそこからはみ出ようとしない限り，集合論のなかで展開できることが知られている．また，集合論でなくカテゴリー論のなかでそれを展開できることも知られている．しかし，カテゴリー論によるものは，集合論で展開できるものはカテゴリー論によっても展開できることを示しているだけで，カテゴリー論だけで展開しようとするのは不自然である．もちろん数学を集合論のなかで展開するのが自然だというわけでもないし，カテゴリーという数学的概念なしに数学を記述することは不可能である．しかし，どちらを基礎にするかといえば歴史的経緯のせいであるかもしれないが集合論を基礎とするのが簡単である (いくつかの集合論の本を読めばどうすればよいかがわかるという意味で簡単である)．以下，集合論という場合，いわゆるZFC集合論あるいはその部分である程度の公理を含むものを想定されてよい．

　第6章では完全性定理を証明したわけだが，この証明は第5章に書いてあるLKの証明ではない，つまり形式化された証明ではない．しかし，初めに述べたように通常の証明は原理的に形式化された証明に直せるものである．そこで，これを集合論の中に形式化することを考える．さて，この証明を形式化したと

き，当然，論理式が現れるが，その形式に対応する内容は，つまり，対応する構造は何か，ということになる．それは，ϵ の解釈をもった構造で，集合論の公理を満たすものである．この構造で完全性定理の解釈がなされる．完全性定理が L-言語，LK の証明体系，L-構造に関するものとすれば，この集合論の公理を満たす構造の中で L-言語，LK の証明体系，L-構造が解釈される．一方，集合論は公理系であるから，形式言語の中で，L-言語，LK の証明体系，L-構造が形式化され，形式化された完全性定理の証明が得られる．第 1 章で述べた形式と内容の区別は，内容の中に，そして形式の中に埋め込まれた形で再度現れる．容易に予想されることだが，この操作は際限がない．このようなことを考え始めた方は数学基礎論発祥の地から，あるいはものごとを論理的に捕らえようという態度の発祥の地から，一歩踏み込んだところに入ったといってよいのではないだろうか．

　著者がこのようなことを考え悩んだのは，集合論の勉強をする一方，ゲーデルの不完全性定理の証明を読み終わったころだったと思う．学部 4 年生のときから大学院入学の決まっていた東京教育大学に通っており，当時の著者の周りには数学基礎論分野の研究をする，先生，先輩が沢山おられた．著者は当時は，集合論に興味をもって勉強をしていた，現在でも興味をもっているが．そして，数学基礎論を勉強すれば，ものごとをとことんわかるようになるだろう，と漠然と思っていたように思う．そのようなことを先生，先輩と話すうち，どうもそういうものではないのだと思うようになった．まあ簡単にいえば，とことんわかるわけではない，ということがわかったということなのだろう．その結果，今だって，気になって考えると結局わからなくなるのだ．つまり，悩まなくなっただけで，よくわかるようになったわけでもない．

　ゲーデルの第一不完全性定理の証明を読み，ロッサーによる不完全性定理の変形の証明を読み，そして第二不完全性定理の証明を追っている間は，なるほどそうかと思う．しかし，自分が追った証明の形式的証明への書き換えができること，そして，不完全性定理の証明ではその書き換える前の論理式の内容さえ，形式的証明に関するものであるということを考えると，この証明を追って，自分は何がわかったのだろうか？ と思う．こういう「わからない」という感覚は，

第 10 章 数理論理学と数学

いろいろな数学の命題が数学を展開するのに十分であるといわれる集合論から独立である，ということを聞いたときの感覚とは異なっている．ある命題が集合論から独立であるというのは，集合論という公理系から，その命題も，その否定命題も証明ができない，ということであり，第一不完全性定理と似ている感覚で受け取られるものである．しかし，この場合数学の命題の意味がわかりやすく，証明方法も強制法という，比較的実体感をもちやすい方法で行われる．

たとえば，「連結かつ局所連結なコンパクトアーベル群は円周のなす群 $\mathbb{R}/\mathbb{Z}$ の直積である」という命題を考えると，連結でないもの，局所連結でないもの，その他のコンパクトアーベル群があり，その中で $\mathbb{R}/\mathbb{Z}$ の直積は簡明な構造であるわけで，命題の内容は明らかに数学的な対象としてよく知られたものに関することである．そして，この命題はポントリアギンの双対定理によってアーベル群に関する命題と同値になるが，その命題が集合論から独立であることの証明は，いわゆる無限組み合わせ論によって証明される．そのようなわけで，第二不完全性定理のような「わからない」という感覚には悩まされない．「わからない」という感覚のもとは，結局，矛盾があるとか無矛盾であるということが，自分ではよくわかっているような気になっていたのだが，わかりにくいものなのではないか? という疑いにある．つまりは，「証明がある」と「証明がない」ということの区別がわからないといったところで，いつも，わからなくなってしまう．不完全性定理を，形式論理に関する定理なのだと割り切ってしまえば，このような気持ちにならなくて済むわけだが，もともと形式化の目的は，形式化する前のものを解明するというもののはずであるから，そう簡単に割り切ってよいものか，と思う．このわからなくなってしまう道程の説明が，この章での目標ではない．普通の数学では論理式があまり現れないが，どのように捕らえると論理式を使って書けるのか? ということの説明をするのが本章の目的である．

第 3 章の内容はモデル理論に属するものだが，構造 $\mathfrak{A}$ が与えられると，その定義域 A の直積 A^n の部分集合のうち論理式で表されるものは，一般には部分集合の一部である．構造 $\mathfrak{A}$ が可換環で，論理式のうち $\exists, \forall$ を含まないもので表される部分集合を研究対象とするのが代数幾何である．実際，モデル理

論が代数幾何に応用されている．しかし，そこでも定理が論理式で書かれているわけではない．

第5章も，6章も定理が論理式で書かれているわけではない．これらが論理式で書かれるためには，展開している理論を形式化するか，あるいはメタ言語 (扱っている論理式に関する言語と別に，それらを説明するときに使う言語) で書くということをする必要がある．似たようなものだが，前者の方がどの理論の中で形式化するかということを問う分厳格で，後者の方が緩い．前者の方を集合論の中で実行したという前提で，連続体仮説の独立性とか，上にふれたコンパクトアーベル群に関する命題が独立だといったことがいわれる．

たとえば C^*-環の Calkin Algebra に関する命題が集合論から独立であるといわれるとき，その命題に対応する集合論の閉論理式が想定されている．このような命題に対応する集合論の閉論理式はどのように書かれるかというのがこれから説明することである．公理的集合論の本をながめてもなかなか，このようなことにふれていないように見える．それは，公理的集合論が数学を記述するという役目はもう80年以上前に終わっており，現在では集合論の展開のなかでの問題が主に研究されているからであろう．そして，その結果上記のような独立性証明も遂行されている．ここでは，その80年前に終わっていることのあらすじを述べる．

公理的集合論の本を見れば，順序数の定義があり，その小さい部分が自然数である．とくに，空集合 $\emptyset$ を自然数 0 とみなす．順序数 α が $\beta \cup \{\beta\}$ のとき，β を α の直前の順序数と呼ぶ．順序数が自然数とは，$\emptyset$ 以外の自身より小さい順序数がすべて直前の元をもつ場合である．また，超限帰納法により定義されるものが存在するという証明がある．数学的帰納法はこの一部であるから，それにより加法，乗法，順序などが自然数に対して定義される．この後は，少し詳しい微積分の本などにもあるが，順序対を使って整数を定義し，有理数をその順序対を使って定義する．その際，自然数全体を整数全体に埋め込み，これを同一視する．同様に整数全体を有理数全体に埋め込み同一視する．そして，デデキンドの切断，あるいはコーシー列を使い，実数を定義する．そして，そこに有理数全体を埋め込み，同一視する．実数の順序対に乗法，加法を定義し

第10章　数理論理学と数学

複素数体を構成する．そして，これに実数体を埋め込み，同一視する．このようにして，複素数全体が定義される．ここまでできれば，後は分野に応じて，その対象を定義しているものを自然に集合論の中での展開しているものとみなすことができる．たとえば，群の全体，あるいは空間の全体などを意識すると，これは集合とはならないが，これらには，定義する論理式が対応しており，そのようなものを対象として展開したものを使った定理が集合に関するものであるならば，実際には集合以外の概念を使わないで証明できるという事情がある（当然だが，意識的に集合論で扱えないものを研究しようとすれば，集合論の中で記述できない数学的対象もありうる）．例として最近集合論から独立な命題が研究されている Calkin Algebra の構成を追ってみる．環 $(R, +, \cdot)$ は構造の一種として定義され，集合 $R \times R$ から上に定義した実数全体 $\mathbb{R}$ への写像が所定の性質を満たすとき，ノルムと呼ばれ，$(R, +, \cdot)$ とノルムの順序対をノルム環と呼ぶ．また，ヒルベルト空間を実数列，つまり，自然数全体 $\mathbb{Z}$ を定義域とする $\mathbb{R}$ への写像を使って定義する．次にヒルベルト空間の線形有界作用素およびコンパクト線形有界作用素は，所定の性質をもつ写像として，定義される．コンパクト線形有界作用素のなす閉イデアルによる商環として C^*-環の定義がなされ Calkin Algebra が定義される．また，おのおのの分野の研究に関しては，選択公理が定理の証明に必要なこともある．このように述べると極めて形式的に感じられるかもしれないが，実際にどのような論理式で書けているかをチェックしないと，上記に述べたように集合論から独立であるかどうかを判断する際の大雑把な指針が立たないのである．

　ここまで述べてから，断るのも変なものだが，実は普通，集合論のなかには空集合 $\emptyset$, 実数全体の集合 $\mathbb{R}$, 有理数全体の集合 $\mathbb{Q}$ などの集合を表す記号はないし，当然，円周率 π を表す記号もない．つまり，集合論は我々が通常思い浮かべる数学的対象を表す体系ではない．しかし，たとえば実数 a が π より大であるということは自由変数が a だけしかなく論理記号以外にある記号は $\epsilon, =$ だけである集合論の論理式で表すことができる．実際にそのようなことを直接するのは見通しも悪く繁雑であるので，次のようにする．

　A が a 以外に自由変数を含まない論理式とする．

$$\exists x A[{}^a_x] \wedge \forall x \forall y (A[{}^a_x] \wedge A[{}^a_y] \rightarrow x = y)$$

が集合論で証明可能なとき，$A[{}^a_\pi]$ を公理として付け加え，広げた形式体系を作る．いま，この体系で $B[{}^a_\pi]$ が証明可能なこととともとの体系で $\exists x(A[{}^a_x] \wedge B[{}^a_x])$ が証明可能なことが同値となる ($\exists x(A[{}^a_x] \wedge B[{}^a_x])$) の代わりに $\forall x(A[{}^a_x] \rightarrow B[{}^a_x])$ でもよい)．このようなことを繰り返すことにより，通常，いろいろな決まった対象を表す記号を導入しても，もとの集合論のなかで，証明しているものとみなせるわけである．このようなことをすると，数学が窮屈になるような気がする人もいるようである．数学の研究をする際，とくに集合論の中で展開することを意識しないのが普通である．これは，集合論の研究者でさえそうなのであって，考えた後，それを形式化できることを確認するのであって (普通，この確認さえしない)，とくに形式化は意識しないし，まして形式化した証明を実行するわけではない．また形式的証明を研究対象としている研究者は当然，形式的証明を書くわけだが，それは研究対象として書くのであって，「形式的証明」の関する理論の証明を形式的に書くわけではない．数学が窮屈になるような気がする感覚は，自分の考えている対象が，初めから集合論という形式体系に閉じ込められているという雰囲気であるわけだが，そのように閉じ込めることが可能なわけではないのだから，窮屈に思う必要はない．

　ここまでは，数学が論理性をもっているということを保証するという側面で数理論理学と数学の関係を述べた．現在，数理論理学と数学のつながりは，このようなつながりではない．それは，上記のことはほぼ 1930 年より前にできていたことで，その後，数理論理学は数学の一分野となり進展してきたからである．非可算集合の関係するところは，少し複雑な性質を考察しようとすると集合論的解明が必要になることが多くの分野に現れてくる．そのため，非可算性の現れるところでは集合論と関連することが多い．また，モデル理論は一階述語論理で記述できる部分集合に関する理論であるため，代数幾何，数論とつながり応用される面がある．また，モデル理論，集合論の応用とも見られる超準解析は極限の現れるいろいろな分野に応用されている．このようなことは，数学の論理性を保証するため，数学の内容を記述するなかで，この記述に関する

第10章 数理論理学と数学

理論が,その内容分析に応用されるようになったということである.このような,最近の流れについては第11章の超準解析に関するものの他,「おわりに」に参考文献をあげる.

この章の残りの部分で,必ずしも最近の流れというわけでもないが,上記にある数学の一部を形式化することの便利さの一例を説明をすることを通して種々の事情を説明することを試みようと思う.A. Dow による Arkhangelski の定理の証明を紹介する.数理論理学,集合論の基礎知識が必要なので,それらを説明しながら,紹介する.

定理 48. (Arkhangelski の定理)
第一可算なコンパクト,ハウスドルフ空間の濃度は,連続体の濃度以下である.

第一可算とは,空間の各点が,可算近傍基をもつことで,局所的な性質であり,全域的な性質はコンパクト性だけである.第二可算なハウスドルフ空間ならば,全域の近傍基を可算にとれているので,連続体の濃度以下という結論は簡単に得られる.この定理は Alexandorff の問題に対する肯定的な答えで,Arkhangelski の論文は30ページほどある.また,その後5ページほどの比較的短い証明も出版されている.それが A. Dow の証明は集合論の基礎知識を仮定すれば,以下に書くように極めて短い証明となる.

位相空間 X が第一可算であるから,各点 $x \in X$ について可算近傍基 $O_n(x)$ $(n \in \mathbb{N})$ が与えられている.位相空間に関するすでに得られている結果を証明するのに必要な集合論の公理は有限個しかない.このことを使ってもよいし,あるいは,冪集合の公理,つまり,集合 A について部分集合の全体 $\{S : S \subseteq A\}$ がまた集合となること,は集合論以外の数学の理論展開では,初めに,関数空間あるいはその自己同相写像の全体,あるいは,その上の測度の全体などを構成する以外,証明の途中では現れない.このどちらかに着目することにより,

$$\mathbb{N} \cup \{\mathbb{N}\} \subseteq M, X \cup \{X\} \subset M, O_n(x)(n \in \mathbb{N}, x \in X)$$

を元にもつ集合 M で,構造 (M, ϵ) がその理論展開に必要な公理を満たしており,M の要素の可算列がまた M に属している集合 M をとることができる.

次に，
$$\mathbb{N} \cup \{\mathbb{N}\} \subseteq M_0, X \in M_0, (O_n(x) : x \in X, n \in \mathbb{N}) \in M_0$$
かつ $X \cap M_0$ の可算列がまた M_0 に属していて (M_0, ϵ) が (M, ϵ) の初等部分構造となり，濃度が連続濃度 $2^{\aleph_0}$ であるものがとれる．これは，定理 24(1) を繰り返し利用することによりできることであるが，濃度が $2^{\aleph_0}$ でおさまるのは，
$$X \in M_0, (O_n(x) : x \in X, n \in \mathbb{N}) \in M_0$$
としているからであるところに注意する．つまり，$X \subseteq M_0$ あるいは，すべての $x \in X$ に対して $O_n(x) \in M_0$ を要請していないということに注意する．ここまでは，集合論のある程度の知識があれば，2 行で済む．さて，ここからが本論である．

まず，$X \cap M_0$ が閉集合であることをいう．$\lim_{n \to \infty} x_n = y_0$ で $x_n \in X \cap M_0$ $(n \in \mathbb{N})$ が成立すると M を十分大きくとってあるので
$$(M, \epsilon) \models \lim_{n \to \infty} x_n = y_0$$
であるから
$$(M, \epsilon) \models \exists y (\lim_{n \to \infty} x_n = y)$$
である．$X \cap M_0$ の可算列はまた M_0 に属していることから，点列 $(x_n : n \in \mathbb{N})$ が M_0 に属しており，初等部分構造であることから，
$$(M_0, \epsilon) \models \exists y (\lim_{n \to \infty} x_n = y)$$
である．$y_1 \in X \cap M_0$ で
$$(M_0, \epsilon) \models \lim_{n \to \infty} x_n = y_1$$
となるものがあるから，再度初等部分構造であることにより
$$(M, \epsilon) \models \lim_{n \to \infty} x_n = y_1$$
となり $y_1 = y_0$ となるので，$y_0 \in X \cap M_0$ となり，$X \cap M_0$ が閉集合であることが示せる．

$X \subseteq X \cap M_0$ を示せば証明は終わる．これを背理法で示す．$z_0 \in X \setminus M_0$ とする．$X \cap M_0$ が閉集合であるから，コンパクトである．よって，ハウスドルフ空間だから $x_1, \cdots, x_n \in X$ と $m_1, \cdots, m_n$ があり，

$$z_0 \notin O_{m_1}(x_1) \cup \cdots \cup O_{m_n}(x_n)$$

で

$$X \cap M_0 \subseteq O_{m_1}(x_1) \cup \cdots \cup O_{m_n}(x_n)$$

が成立する．後の命題から

$$(M_0, \epsilon) \models X \subseteq O_{m_1}(x_1) \cup \cdots \cup O_{m_n}(x_n)$$

である．初等部分構造であることから，

$$(M, \epsilon) \models X \subseteq O_{m_1}(x_1) \cup \cdots \cup O_{m_n}(x_n)$$

であるが，これは

$$(M, \epsilon) \models z_0 \notin O_{m_1}(x_1) \cup \cdots \cup O_{m_n}(x_n)$$

に矛盾する．

　証明はこれで終わりだが，定理の証明が目的なのではないので，どのように数理論理が使われているかを見てみよう．$X \cap M_0$ が閉集合であることをいうところで，(M, ϵ) での記述に移行するところがある．(M, ϵ) は十分大きいし，かなりの理論が展開できるのであるから，初めから (M, ϵ) の中でのこととして扱えばよいと思われるかもしれない．しかし，M_0 が M の初等部分構造であるという事実は (M, ϵ) の中で成立しているわけではないのだから，どこかで (M, ϵ) をながめる立場がないと，(M, ϵ) の初等部分構造 (M_0, ϵ) をとることができない．つまり，十分大きいという意味を正確に把握する必要があるということで，ここではそこまで詳しい説明をしていないので不明瞭なところである．しかし，数理論理の応用での重要な点，どの立場でながめているかを把握することが重要であるということが，ここでは3つの立場の違いとして現れ

ている．(M, ϵ) や (M_0, ϵ) をながめる立場，(M, ϵ) の中の立場，(M_0, ϵ) の中の立場である．そして，同じ論理式が，その3つの立場すべてで成立しているとしても，それは各々別の数学的事実であるということが大切なところである．実際それが証明にいかされて，矛盾を導き背理法による証明を完結させている．

少し，横道に入ってしまったところで，この章は終わりにしたい．

第11章
超準解析の応用

　ここの話は，超準解析の一般的なことではなく，最近の数学の流れに関した考え方からの話題である．第 9 章より簡略化した記法を使う．また構造 $\mathfrak{A}$ は，第 9 章のものよりずっと大きく数学を展開するのに必要な多くのものが含まれている構造とする．$^*\mathfrak{A}$ は第 9 章のような構成でなくてもよいが，もちろん $\mathbb{N}$ 上の超積によるものとしてよい．記法では $f : \mathbb{R} \to \mathbb{R}$ に対して $f(\omega)$ と書けば $^*f(\omega)$ であると解釈する．また $\mathfrak{A}$ あるいは $^*\mathfrak{A}$ の中で成立するということは，途中からいちいち断らない．意味があるように解釈するということになる．必ずしも 1 つの解釈のみが正しいというわけでもない．たとえば，

$$\sin(1) < 1$$

と書いた場合，論理式と見ることもできるし，$\mathfrak{A}$ で成立することを書いているとも見えるし，また $^*\mathfrak{A}$ で成立することを書いているとも見える．あるいは論理式ということを離れ，高校の数学を考えているときと同じことを書いているようにも見える．超準解析を数学に応用するには最後の立場で考えているものについて，証明できなければ役に立たない．しかし，証明の途中ではどの解釈かを特定しなければ論理の筋を失ってしまうので，どの立場のものを表しているか，気を配るべきである．

　第 9 章の最後にある最大値の定理の証明も，大きな構造の超積を使えば有限列，無限列というものをもっと自由に使えるため，第 9 章にある証明のように，自然数全体を定義域とした関数としての x_n をもちださなくても，「有限列なら

最大値が存在する」ということの記述による議論がそのまま証明となる．しかし，「有限列なら最大値が存在する」という極めて当り前の議論は論理式といった概念と無縁なところで行われるのが普通である．これを論理式で記述するとなれば，集合論の中で展開するということになる．集合論の構造，つまり集合論のモデルというのは，前にも触れたように集合論の専門家でないと意識しにくいものである．他方，このような普通の数学の議論が論理式を使った記述によって表せなければ，超準解析を使うことはできないので，結局，有限列および有限集合を対象として論理式のなかで取り扱えるようにする必要がある．

以下では $n \in \mathbb{N}$ について $\overline{n} = \{1, \cdots, n\}$，つまり n 以下の自然数の集合とする．有限列を $(x_i : i \in \overline{n})$，無限列を $(x_i : i \in \mathbb{N})$ のように記す．また有限列あるいは無限列 u の定義域を $\mathrm{dom}(u)$ と記す．たとえば $\mathrm{dom}((x_i : i \in \overline{n})) = \overline{n}$, $\mathrm{dom}((x_i : i \in \mathbb{N})) = \mathbb{N}$ である．

補題 49. $x_i \in {}^*\mathbb{R}$ $(i \in \mathbb{N})$ に対して $\nu \in {}^*\mathbb{N}$ と $\mathrm{dom}(u) = \overline{\nu}$ となる関数 $u \in |{}^*\mathfrak{A}|$ が存在して，$u_i = x_i$ $(i \in \mathbb{N})$ が成立する．

この命題には説明が必要であろう．この命題は自明ではなく，定理 37 による ${}^*\mathfrak{A}$ の ω_1-可算飽和性によっている．u が $|{}^*\mathfrak{A}|$ の要素としてとれているところが重要なところである．自然数全体 $\mathbb{N}$ は $|{}^*\mathfrak{A}|$ のなかにとれない．$|{}^*\mathfrak{A}|$ の要素は写像の同値類であるから，その意味では当然 $\mathbb{N}$ は $|{}^*\mathfrak{A}|$ の要素ではない．そういう意味ではなく，${}^*\mathfrak{A} \models u \subseteq {}^*\mathbb{N}$ で，

$$\{a \mid {}^*\mathfrak{A} \models a \in u\} = \mathbb{N}$$

となる u が存在しないということである．もし存在すると仮定すると

$${}^*\mathfrak{A} \models \forall x(x \in u \to x < \omega)$$

が成立し，${}^*\mathfrak{A}$ で u は有限集合となり最大元が存在することになる．しかし，u には最大元はないので矛盾する．このことから定義域が $\mathbb{N}$ に一致する関数は $|{}^*\mathfrak{A}|$ の要素とはならない．また $\overline{\nu}$ は ${}^*\mathfrak{A}$ のなかで自然数 ν に対して定義した $\{1, 2, \cdots, \nu\}$ である．

証明 各々の $i \in \mathbb{N}$ について φ_i を

$$a \text{ が有限列であり } i \in \mathrm{dom}(u) \text{ で, } a_i = x_i$$

という論理式とする．各々の $n \in \mathbb{N}$ に対して $\varphi_i[^a_u]$ $(i \in \overline{n})$ を満たす元 u が $|{}^*\mathfrak{A}|$ に存在するので定理 37 により, $\varphi_i[^a_u]$ $(i \in \mathbb{N})$ を満たす元 u が $|{}^*\mathfrak{A}|$ に存在する．$|{}^*\mathfrak{A}|$ における有限列 u の定義域が $\overline{\nu}$ $(\nu \in {}^*\mathbb{N})$ であるから命題が成立する． □

11.1 Asymptotic Cone について

ここまでは超準解析一般のことであったが，ここからの設定は Asymptotic Cone の定義に合わせるための設定である．${}^*\mathfrak{A}$ は $\mathbb{N}$ 上の $\mathcal{F}_0$ を含む超フィルターによる超積であり，ω は $[\mathrm{id}]$ である．

$$
\begin{aligned}
{}^{\#}\mathbb{R} &= \{x \in {}^*\mathbb{R} \mid \text{ある } n \in \mathbb{N} \text{ について } |x| < n\omega\}, \\
{}^{\#}\mathbb{Z} &= {}^{\#}\mathbb{R} \cap {}^*\mathbb{Z}
\end{aligned}
$$

とする．
距離空間 (X, d) が与えられたとき $x_0 \in X$ を選び，上記の ${}^{\#}\mathbb{R}$ に応じて

$$
{}^{\#}X = \{x \in {}^*X \mid \text{ある } n \in \mathbb{N} \text{ について } d(x_0, x) \leq n\omega\}
$$

とする．$x, y \in {}^*X$ に対して

$$
x \sim_{\#} y \leftrightarrow \text{すべての } n \in \mathbb{N} \text{ について } d(x, y) \leq \omega/n
$$

と置く．$x, y \in {}^{\#}\mathbb{R}$ についても絶対値 $|\ |$ を距離として同じ記号 $\sim_{\#}$ を使う．

補題 50. $x, y \in {}^*X$ に対して,

$$\varepsilon\, d(x, y) \sim 0$$

と

$$x \sim_\# y$$

が同値であり，$d(x,y) \in {}^\#\mathbb{R}$ である．

証明 同値関係は明らかである．

$$d(x,y) \leq d(x_0,x) + d(x_0,y), \quad d(x_0,x), d(x_0,y) \in {}^\#\mathbb{R}$$

なので，$d(x,y) \in {}^\#\mathbb{R}$ である． □

この同値類の全体 ${}^\#X/\sim_\#$ は M. Gromov によるもので Asymptotic Cone と呼ばれ，$(C_\infty X, d_\#)$ と記す．ここでの構成はよく知られているものと多少異なっているので，証明の後でこの構成が同じものであることを説明する．

定理 51. $x, y \in {}^\#X$ について

$$d_\#([x],[y]) = \mathrm{st}(\varepsilon\, d(x,y))$$

とすれば，$d_\#$ により ${}^\#X/\sim_\#$ は完備距離空間となる．

証明 補題 50 から $d_\#$ は well-defined であり，距離となっていることを示すには三角形公理を示せば十分である．

$x, y, z \in {}^\#X$ について

$$\mathrm{st}(\varepsilon\, d(x,z)) \leq \mathrm{st}(\varepsilon\, d(x,y) + \varepsilon\, d(y,z)) = \mathrm{st}(\varepsilon\, d(x,y)) + \mathrm{st}(\varepsilon\, d(y,z))$$

つまり

$$d_\#([x],[z]) \leq d_\#([x],[y]) + d_\#([y],[z])$$

である．

完備性を示すため $([x_n] : n \in \mathbb{N})$ を $C_\infty X$ のコーシー列とする．

$$d_\#([x_m],[x_n]) < 1/m \quad (m \leq n)$$

を仮定して，収束点の存在を証明すればよい．

$$d(x_m, x_n) < \omega/m \quad (m \leq n)$$

第 11 章 超準解析の応用

が成立する.

補題 49 の証明で φ_i の他に以下の ψ_j を加えて u を構成する. ψ_j は

$$a \text{ が有限列で, } i \in \text{dom}(a) \wedge j \leq i \to d(a_i, a_j) < \omega/j$$

という論理式とする.

この φ_i, ψ_j $(i, j \in \mathbb{N})$ に対して定理 37 によって u をとれば, $j \leq \nu$ だから

$$d(u_\nu, u_j) < \omega/j$$

$u_n = x_n$ $(n \in \mathbb{N})$ であるから

$$d_\#([u_\nu], [x_j]) = \text{st}(\varepsilon\, d(u_\nu, u_j)) \leq 1/j$$

が成立する. つまり $([x_n] : n \in \mathbb{N})$ は $[u_\nu]$ に収束している. □

Asymptotic Cone は M. Gromov [3,4] により導入され, Van den Dries-Wilkie [2] によって超積の形に表現されることにより一般化され現在研究されている.

Gromov による説明は魅力的であるのでそれを紹介しよう.

> 定点を選び, ここから一定速度で離れていくとき定点からの距離が一定であるように距離感を調整しながら風景をながめる. この場合, その風景はどのようなものであろうか?

これを数学的に実現するため距離空間 (X, d) に対して定点 $x_0 \in X$ を選ぶ. $d(x_0, x_n)/n < M$ $(n \in \mathbb{N})$ となる M の存在する $\mathbf{x} = (x_n : n \in \mathbb{N})$ の全体を LBS とし, $\mathbf{x}, \mathbf{y} \in$ LBS に

$$D(\mathbf{x}, \mathbf{y}) = \lim_{\mathcal{U}} d(x_n, y_n)/n$$

によって準距離 D を定義する. ここで, $\lim_{\mathcal{U}} a_n$ は一般に有界実数列に対して,

$$\{n \in \mathbb{N} \mid |a_n - a| < 1/m\} \in \mathcal{U}$$

がすべての $m \in \mathbb{N}$ について成立する唯 1 つの実数 a である. これからできる距離空間を Asymptotic Cone という. この定義とすでに定義したものが同じ

命題 52. $(\mathbb{R},|\ |)$ を絶対値による距離空間とし，以下 $(\mathbb{Q},|\ |)$, $(\mathbb{Z},|\ |)$ をその部分空間とする．このとき

$$(C_\infty\mathbb{R},|\ |_\#) = (C_\infty\mathbb{Q},|\ |_\#) = (C_\infty\mathbb{Z},|\ |_\#) = (\mathbb{R},|\ |)$$

が成立する．また，

$$(C_\infty[0,\infty),|\ |_\#) = (C_\infty(\mathbb{Q}\cap[0,\infty)),|\ |_\#) = (C_\infty(\mathbb{Z}\cap[0,\infty)),|\ |_\#)$$
$$= ([0,\infty),|\ |)$$

が成立する．

証明 $\lfloor r \rfloor$ によって実数 r を超えない最大の整数を表す（$[r]$ は同値類の記号として現れるのでガウス記号に代わり $\lfloor r \rfloor$ を使う）．実数 r について $\lfloor r\omega \rfloor \in {}^\#\mathbb{Z}$ である．実数 r, s に対して

$$r\omega - 1 \leq \lfloor r\omega \rfloor \leq r\omega$$

だから

$$r - \varepsilon \leq \varepsilon\lfloor r\omega \rfloor \leq r$$

となり

$$r = \mathrm{st}(\varepsilon\lfloor r\omega \rfloor \leq r)$$

を得る．また，

$$r\omega - s\omega - 1 \leq \lfloor r\omega \rfloor - \lfloor s\omega \rfloor \leq r\omega - s\omega + 1$$

から

$$|r - s| = \mathrm{st}(\varepsilon|\lfloor r\omega \rfloor - \lfloor s\omega \rfloor|)$$

を得る．これらから，$C_\infty\mathbb{Z} = (\mathbb{R},|\ |)$ が成立する．他はこれからすぐ結論づけられる． □

この例からもわかるように離散空間 X から連結空間 $C_\infty X$ が得られることもある．しかし，必ず連結空間になるとは限らないことが次でわかる．

命題 53. S を $\mathbb{N}$ の部分集合とし，絶対値による距離空間とする．

(1) $S \in \mathcal{U}$ と $\omega \in {}^\#S$ 同値である．その結果，$S \in \mathcal{U}$ なら $C_\infty S$ は 2 点以上となる．

(2) $\mathcal{U}$ により $C_\infty S$ が 1 点または 2 点となる S が存在する．

証明
$$\omega \in {}^\#S \leftrightarrow S = \{n \in \mathbb{N} \mid \mathrm{id}(n) \in S\} \in \mathcal{U}$$
であるから，(1) は成り立つ．

(2) を示すため，$S = \{2^{2^{2n}} \mid n \in \mathbb{N}\}$ とし，$\{2^{2^{2n-1}} \mid n \in \mathbb{N}\} \in \mathcal{U}$ であるとする．すると $S \notin \mathcal{U}$ である．また

$$f_0(k) = \begin{cases} 2^{2^{2n}}, & k = 2^{2^{2n-1}} \text{ のとき} \\ 0, & k = 2^{2^{2n-1}} \text{ となる } n \text{ が存在しないとき} \end{cases}$$

$$f_1(k) = \begin{cases} 2^{2^{2(n-1)}}, & k = 2^{2^{2n-1}} \text{ のとき} \\ 0, & k = 2^{2^{2n-1}} \text{ となる } n \text{ が存在しないとき} \end{cases}$$

と置く．すると
$$[f_0]_\mathcal{U} = \min\{s \in {}^*S \mid \omega \leq s\},$$
$$[f_1]_\mathcal{U} = \max\{s \in {}^*S \mid s \leq \omega\}$$

が成立する．
$$\omega^2 = [f_0]_\mathcal{U}, \quad [f_1]_\mathcal{U}^2 = \omega$$

で
$${}^\#S = \{s \in {}^*S \mid \text{ある } m \text{ について } s \leq m\omega\}$$

だから，${}^\#S$ には ω より大きい元はない．また ${}^\#S$ の $[f_1]_\mathcal{U}$ より小さい元 x については $x \sim_\# [f_1]_\mathcal{U}$ が成立するから，$Con_\infty S$ は 1 点からのみなる．

$S \in \mathcal{U}$ の場合は (1) から $Con_\infty S$ は 2 点以上となるが，上の議論と同様の議論でちょうど 2 点となることがわかる． □

空間 X の距離が有界ならば $Con_\infty X$ は 1 点であるが，このように空間 X の距離の離散の仕方

$$\{\lfloor d(x_0, x) \rfloor \mid x \in X\}$$

が極度にバラバラであると，距離が非有界でも $Con_\infty X$ は 1 点空間となることがある．

命題 54. 空間 X の距離 d_0 から

$$d(x, y) = \log(1 + d_0(x, y))$$

で定義される距離 d に関する $Con_\infty X$ は 0 次元になる．

証明

$${}^\#X = \{x \in {}^*X \mid \text{ある } n \in \mathbb{N} \text{ で } d_0(x_0, x) \leq e^{n\omega} - 1\}$$
であるものがある

である．$x, y, z \in {}^\#X$ について

$$M = \max\{d(x, y), d(y, z)\}$$

と置く．

$$e^{d(x,z)} \leq d_0(x, z) - 1 \leq d_0(x, y) + d_0(y, z) - 1 \leq e^{d(x,y)} + e^{d(y,z)} - 3 \leq 2e^M$$

であるから

$$\begin{aligned}
d_\#([x], [z]) &= \mathrm{st}(\varepsilon \log(e^{d(x,z)}) \leq \mathrm{st}(\varepsilon \log 2 + \varepsilon M)) \\
&= \mathrm{st}(\varepsilon M) = \mathrm{st}(\varepsilon \max\{d(x, y), d(y, z)\}) \\
&= \max\{d_\#(x, y), d_\#(y, z)\}
\end{aligned}$$

となり，$d_\#$ はいわゆる超距離となる．この強い不等式が成立する場合，開球は閉集合になるので，0 次元である． □

第 11 章 超準解析の応用

実数直線の場合
$$d(x,y) = \log(1 + |x-y|)$$
で定義した距離で, $Con_\infty \mathbb{R}$ を構成すると, 連結空間ではないだけでなく, 0 以外の点は孤立点となる. つまり, 連結性あるいは弧状連結性は $Con_\infty X$ の構成で保存されない.

距離空間 (X,d) が測地距離空間とは, 任意の $x,y \in X$ に対して,

(1) $f(0) = x, f(d(x,y)) = y$;
(2) $t \in [0, d(x,y)]$ について $d(x, f(t)) = t$

が成立する連続関数 $f : [0, d(x,y)] \to X$ が存在するものをいう.

定理 55. 測地距離空間 (X,d) に対して $(Con_\infty X, d_\#)$ は測地距離空間となる.

証明 $x, y \in {}^\# X$ とする. $*(X,d)$ が測地距離空間であることが $*\mathfrak{A}$ で成立するから,
$$*\mathfrak{A} \models f : [0, d(x,y)] \to {}^*X \wedge f(0) = x \wedge d(x, f(t)) = t$$
となる f が存在する. $d(x_0, x), d(x_0, y) < m\omega$ となる $m \in \mathbb{N}$ が存在する. すると $d(x,y) < 2m\omega$ であるから, $f(t) \in {}^\#X$ が成立する. $t \in [0, d_\#([x],[y]))$ について
$$\overline{f}(t) = [f(t\omega)]$$
また $\overline{f}(d_\#([x],[y])) = [y]$ と定義する.

(**注意**) $d(x,y) \leq d_\#([x],[y])\omega$ が成立していないかもしれないので, $d_\#([x],[y])$ について別に定義している.

$$\overline{f} : [0, d_\#([x],[y])] \to Con_\infty X$$
である.
$$d_\#([x], \overline{f}(t)) = \text{st}(\varepsilon d(x, f(t\omega))) = \text{st}(\varepsilon t\omega) = t$$

が $t \in [0, d_\#([x],[y])]$ について成立する. □

Asymptotic Cone についてはいろいろな論文が出版されており, 今のところ多くは有限生成群のケーリーグラフに関するものである. Asymptotic Cone が Ultrafilter によって異なることは命題 53 でもわかるが, 有限生成群のケーリーグラフの場合にもそのようなことが起こるかというのは問題であった. これは S. Thomas and B. Velichkovic [7] によって否定的に解決された. しかし, 有限表現群の場合 Asymptotic Cone が Ultrafilter によって異なるかどうかわかっていない. これはとても面白い問題である.

次に順序体 $(\mathbb{R}, +, \cdot, \leq)$ の構造が $^\#\mathbb{R}$ にどのような反映があるかを述べる. $^\#\mathbb{R}$ と $^\#\mathbb{Z}$ は容易にわかるように加法 $+$ に関して, $^*\mathbb{R}$ の部分群となっている. しかし, $\omega^2 \notin {}^\#\mathbb{R}$ であるから乗法で閉じてはいない. ここで

$$x \cdot_\varepsilon y = \varepsilon x y$$

という演算を定義する. すると $({}^\#\mathbb{R}, +, \cdot_\varepsilon)$ が結合環となっていることがわかる. n-変数の実関数 f に対して

$$f_\omega(u_1, \cdots, u_n) = \omega f(\varepsilon u_1, \cdots, \varepsilon u_n)$$

と定義する. 以下, 1 変数の形でのみ述べるが多変数も同様である.

補題 56. f が実連続関数ならば, $\overline{\mathbb{R}}$ は f で閉じている.

証明 $u \in \overline{\mathbb{R}}$ とすると $\mathrm{st}(u) \sim u$ である. 命題 45 から $f(\mathrm{st}(u)) \sim f(u)$ となり $f(u) \in \overline{\mathbb{R}}$. □

命題 57. f が実連続関数ならば, $^\#\mathbb{R}$ は f_ω で閉じている.

証明 $u \in {}^\#\mathbb{R}$ に対して $\varepsilon u \in \overline{\mathbb{R}}$ である. f の連続性から補題 56 により $f(\varepsilon u) \in \overline{\mathbb{R}}$ となり

$$f_\omega(u) = \omega f(\varepsilon u) \in {}^\#\mathbb{R}$$

となる. □

第 11 章 超準解析の応用

定理 58. $f(x)$ を実連続関数とすると，$r \in \mathbb{R}$ について

$$f(r) = \operatorname{st}(\varepsilon f_\omega(\lfloor \omega r \rfloor))$$
$$= \operatorname{st}(\varepsilon \lfloor f_\omega(\lfloor \omega r \rfloor) \rfloor)$$

が成立する．

証明 $\lfloor \omega r \rfloor = \omega r - a \ (0 \le a < 1)$ と置く．

$$f_\omega(\lfloor \omega r \rfloor) = \omega f(\varepsilon(\omega r - a)) = \omega f(r - \varepsilon a)$$

f の連続性を使うと

$$\operatorname{st}(\varepsilon f_\omega(\lfloor \omega r \rfloor)) = \operatorname{st}(f(r - a\varepsilon)) = f(r)$$

である．

次に，$\lfloor f_\omega(\lfloor \omega r \rfloor) \rfloor = f_\omega(\lfloor \omega r \rfloor) - b \ (0 \le b < 1)$ と置く．

$$\operatorname{st}(\varepsilon \lfloor f_\omega(\lfloor \omega r \rfloor) \rfloor) = \operatorname{st}(\varepsilon f_\omega(\lfloor \omega r \rfloor) - \varepsilon b) = \operatorname{st}(\varepsilon f_\omega(\lfloor \omega r \rfloor)) = f(r)$$

となる． □

この定理は実連続関数は $^\#\mathbb{Z}$ から $^\#\mathbb{Z}$ への $^*\mathfrak{A}$ の関数に対応していることを意味している．とくに，実数体の積の演算に関しても $^\#\mathbb{Z}$ 上の演算 $\lfloor \varepsilon xy \rfloor$ に対応していることがわかる．$g(x)$ で $f(r) = \operatorname{st}(\varepsilon g(\omega r))$ が $r \in \mathbb{R}$ について成立するものは，いろいろあるわけであるが，次のような場合も，上記とは異なる自然な形で与えられる．

定理 59. $f(r) = \sum_{n=0}^{\infty} a_n x^n$ が成立しているとき，$g(x)$ を

$$\omega \sum_{n=0}^{\omega} a_n \underbrace{\cdot_\varepsilon x \cdot_\varepsilon x \cdots x \cdot_\varepsilon x}_{n}$$

で定義する．このとき $f(r) = \operatorname{st}(\varepsilon g(\omega r)) \ (r \in \mathbb{R})$ が成立する．

証明

$$\varepsilon g(\omega r) = \sum_{n=0}^{\omega} a_n (\varepsilon \omega r)^n = \sum_{n=0}^{\omega} a_n r^n$$

$\sum_{n=0}^{\infty} a_n x^n$ が収束しているから,

$$\sum_{n=0}^{\infty} a_n x^n = \text{st}\left(\sum_{n=0}^{\omega} a_n r^n\right)$$

である. □

定理 60. 実関数 f が $r \in \mathbb{R}$ で微分可能なとき,

$$\begin{aligned} f'(r) &= \text{st}(f_\omega(\omega r + 1) - f_\omega(\omega r)) \\ &= \text{st}(f_\omega(\lfloor \omega r \rfloor + 1) - f_\omega(\lfloor \omega r \rfloor)) \end{aligned}$$

が成立する.

証明

$$f_\omega(\omega r + 1) = \omega f(\varepsilon(\omega r + 1)) = \omega f(r + \varepsilon)$$

だから, 命題 47 により

$$\begin{aligned} f'(r) &= \text{st}\left(\frac{f(r+\varepsilon) - f(r)}{\varepsilon}\right) \\ &= \text{st}(\omega(f(r+\varepsilon) - f(r))) \\ &= \text{st}(f_\omega(\omega r + 1) - f_\omega(\omega r)) \end{aligned}$$

である. 次に $\lfloor \omega r \rfloor = \omega r - a$ $(0 \leq a < 1)$ と置く.

$$\begin{aligned} f_\omega(\lfloor \omega r \rfloor + 1) &= \omega f(\varepsilon(\omega r - a + 1)) = \omega f(r + (1-a)\varepsilon) \\ f_\omega(\lfloor \omega r \rfloor) &= \omega f(r + (-a)\varepsilon) \end{aligned}$$

だから

$$\begin{aligned} &f_\omega(\lfloor \omega r \rfloor + 1) - f_\omega(\lfloor \omega r \rfloor) \\ &= \omega f(r + (1-a)\varepsilon) - f(r) - (f(r + (-a)\varepsilon) - f(r)) \end{aligned}$$

第 11 章 超準解析の応用

となる．$a = 0$ のときは成立しているから，$a \neq 0$ として，変形して標準部分をとれば

$$\begin{aligned}
&\mathrm{st}(f_\omega(\omega r + 1) - f_\omega(\omega r)) \\
&= \mathrm{st}\left((1-a) \frac{f(r + (1-a)\varepsilon) - f(r)}{(1-a)\varepsilon} + a \frac{f(r + (-a)\varepsilon) - f(r)}{(-a)\varepsilon} \right) \\
&= (1-a)f'(r) + af'(r) \\
&= f'(r)
\end{aligned}$$

となる． □

この定理から，微分と差分のつながりが概念的なだけではなく形式をともなった論理的なつながりとなっていることがわかる．以下の微分方程式と差分方程式の関係は徳島大学の長町重昭さんとの共同研究の一部である．定数係数線形微分方程式も定数係数線形差分方程式もよく知られているように特性方程式を解くことにより解を求めることができる．

定数係数線形微分方程式

$$\sum_{i=0}^{n} a_i f^{(i)}(x) = 0,$$

定数係数線形差分方程式

$$\sum_{i=0}^{n} a_i f(x+i) = 0$$

の特性方程式は共に

$$\sum_{i=0}^{n} a_i x^i = 0$$

である．ρ をこの方程式の根とすれば，$e^{\rho x}$ が微分方程式の解となり，ρ^x が差分方程式の解となる．逆にいえば，微分方程式に対応する差分方程式があるとすれば，特性方程式が異なる差分方程式であるはずである．差分方程式の解がそのまま微分方程式の解となっているような差分方程式を見出すことが最初の目標である．

まず i 次微分 $f^{(i)}(x)$ を $f_\omega(x)$ を使い書き直す．

命題 61. $x \in \mathbb{R}$ について

$$f^{(i)}(x) \sim \omega^{i-1} \sum_{j=0}^{i} {}_iC_j (-1)^{i-j} f_\omega(\omega x + j)$$

となる.

証明 証明は帰納法で至って素直にできる.

$$f^{(0)}(x) = f(x) = \varepsilon f_\omega(\omega x) = \omega^{-1} {}_0C_0 f_\omega(\omega x)$$

で $i = 0$ のときはよい.

$$\begin{aligned}
f^{(i)}(x+\varepsilon) &\sim \omega^{i-1} \sum_{j=0}^{i} {}_iC_j (-1)^{i-j} f_\omega(\omega(x+\varepsilon) + j) \\
&\sim \omega^{i-1} \sum_{j=1}^{i+1} {}_iC_{j-1} (-1)^{i+1-j} f_\omega(\omega x + j) \\
&\sim \omega^{i-1} (f_\omega(\omega x + i + 1) + \sum_{j=1}^{i} {}_iC_{j-1} (-1)^{i+1-j} f_\omega(\omega x + j))
\end{aligned}$$

だから

$$\begin{aligned}
f^{(i+1)}(x) &\sim (f^{(i)}(x+\varepsilon) - f^{(i)}(x))/\varepsilon \\
&\sim \omega^{i} (f_\omega(\omega x + i + 1) + \sum_{j=1}^{i} {}_iC_{j-1} (-1)^{i+1-j} f_\omega(\omega x + j) \\
&\quad + \sum_{j=1}^{i} {}_iC_j (-1)^{i+1-j} f_\omega(\omega x + j) + (-1)^{i+1} f_\omega(\omega x)) \\
&\sim \omega^{i} \sum_{j=0}^{i+1} {}_{i+1}C_j (-1)^{i+1-j} f_\omega(\omega x + j).
\end{aligned}$$

□

定数係数線形微分方程式

第 11 章 超準解析の応用

$$\sum_{i=0}^{n} a_i f^{(i)}(x) = 0$$

(ただし $a_n = 1$) を考える．解 f が存在すれば，命題 61 から

$$\sum_{i=0}^{n} a_i \omega^{i-1} \sum_{j=0}^{i} {}_iC_j(-1)^{i-j} f_\omega(\omega x + j) \sim 0$$

であるので，解法として

$$f(x) = \mathrm{st}(\varepsilon g(\omega x))$$

が $x \in \mathbb{R}$ について成立する g について

$$\sum_{i=0}^{n} a_i \omega^{i-1} \sum_{j=0}^{i} {}_iC_j(-1)^{i-j} g(\omega x + j) \sim 0$$

が成立するものを見つけることを目標とする．

与えられた微分方程式の特性方程式を因数分解して

$$\sum_{i=0}^{n} a_i x^i = \prod_{i=0}^{n}(x - \rho_i) = 0$$

とする．微分方程式を上の書き換えで，

$$\sum_{i=0}^{n} a_i \omega^{i-1} \sum_{j=0}^{i} {}_iC_j(-1)^{i-j} g(X + j) = 0$$

という差分方程式に変形し，これを解くことを考える．この差分方程式の特性方程式は，

$$\begin{aligned}
0 &= \sum_{i=0}^{n} a_i \omega^{i-1} \sum_{j=0}^{i} {}_iC_j(-1)^{i-j} X^j \\
&= \sum_{i=0}^{n} a_i \omega^{i-1} (X-1)^i \\
&= \sum_{i=0}^{n} a_i \omega^{i-1} (X-1)^i
\end{aligned}$$

から
$$0 = \sum_{i=0}^{n} a_i(\omega(X-1))^i = \prod_{i=0}^{n}(\omega(X-1) - \rho_i) = 0$$
となり
$$\prod_{i=0}^{n}(X - (1+\varepsilon\rho_i)) = 0$$
となる．つまり差分方程式の特性方程式の根は $1+\varepsilon\rho_i$ である．たとえば，$1+\varepsilon\rho$ が m-重根となっているときの差分方程式の一次独立解はよく知られているように
$$\sum_{k=0}^{m-1} C_k X^k (1+\varepsilon\rho)^X$$
で与えられる．よって
$$g(X) = \sum_{k=0}^{m-1} C_k X^k (1+\varepsilon\rho)^X$$
と置けば，
$$\sum_{i=0}^{n} a_i \omega^{i-1} \sum_{j=0}^{i} {}_iC_j (-1)^{i-j} g(\lfloor \omega x \rfloor + j) = 0$$
が成立している．ここで
$$(1+\varepsilon\rho)^{\omega x} \sim (e^\rho)^x = e^{\rho x}$$
であるから，$c_k \in \mathbb{R}$ に対して $C_k = \varepsilon^{k-1} c_k$ と置いたとき
$$f(x) = \mathrm{st}(\varepsilon g(\lfloor \omega x \rfloor))$$
が，もとの定数係数線形微分方程式のよく知られた解となっているということをチェックしてみよう．それは，
$$|(\omega x)^m - \lfloor \omega x \rfloor^m| = |\omega x - \lfloor \omega x \rfloor| \left(\sum_{k=0}^{m-1} (\omega x)^{m-1-k} \lfloor \omega x \rfloor^k\right)$$
で

第 11 章 超準解析の応用

$$\varepsilon\lfloor\omega x\rfloor \sim x,\ 0 \leq |\omega x - \lfloor\omega x\rfloor| < 1$$

だから，帰納法で

$$\varepsilon^m(\omega x)^m \sim \varepsilon^m\lfloor\omega x\rfloor^m.$$

また

$$(1+\varepsilon\rho)^{\lfloor\omega x\rfloor} \sim (1+\varepsilon\rho)^{\omega x} \sim (e^\rho)^x = e^{\rho x}$$

となり，

$$f(x) = \mathrm{st}(\varepsilon g(\lfloor\omega x\rfloor)) = \sum_{k=0}^{m-1} c_k\ \mathrm{st}(\varepsilon^k\lfloor\omega x\rfloor^k(1+\varepsilon\rho)^{\lfloor\omega x\rfloor}) = \sum_{k=0}^{m-1} c_k x^k e^{\rho x}$$

である．

微分と差分の関係としてもう 1 つ，微分方程式と差分方程式の初期値問題について述べる．差分方程式の初期値問題は何の困難もなく，解が構成され唯一性も明らかである．上の考え方で差分方程式の解から微分方程式の解は構成されるのであろうか？ 以下でこれを考察する．

連続関数 $F(x)$ に対して微分方程式

$$f'(x) = F(x, f(x)) \tag{1}$$

を考える．F は $(0, u_0)$ を含む領域で連続とする．つまり，以下の証明は初期値問題に関するペアノの定理の証明である．超準解析によるペアノの定理の証明は C. W. Henson が自分の HP に書いてあり，ここでの $^{\#}\mathbb{Z}$ を使う扱いを除けば本質的に同じである．

$f_\omega(x) = f(\varepsilon x)$ とすると，微分可能な関数に対しては定理 60 から

$$f'(x) = f_\omega(\omega x + 1) - f_\omega(\omega x).$$

そこで，$g(0) = \omega u_0$ で

$$g(k+1) - g(k) = F(\varepsilon k, \varepsilon g(k)) \quad (k \in {}^*\mathbb{N})$$

とする．$k \in {}^*\mathbb{N}$ について

$$g(k) = g(0) + \sum_{j=0}^{k-1} F(\varepsilon j, \varepsilon g(j))$$

であるが, $x \in \mathbb{R}$ について

$$h(x) = \operatorname{st}(\varepsilon g(\lfloor \omega x \rfloor))$$

が (1) の解となることが示したいことである.

そのため, $x \geq 0$ のついて g を $^*\mathbb{R}$ に拡張し

$$g(x) = g(\lfloor x \rfloor)$$

とする. $x \in \mathbb{R}$ について $h(x) = \operatorname{st}(\varepsilon g(\omega x))$ が成立している.

また F が連続だから $[0, a] \times [u_0 - b, u_0 + b]$ で $|F(x, u)| \leq M$ とする. まず $0 \leq k \leq \omega \min\{a, b/M\}, k \in {}^*\mathbb{N}$ のとき

$$|\varepsilon g(k) - u_0| \leq b$$

を k についての帰納法で示す. $k = 0$ のときは $g(0) = \omega u_0$ だから成立している. 帰納法の仮定で $0 \leq j \leq k$ について

$$|\varepsilon g(j) - u_0| \leq b$$

で, $k \leq \omega b/M, \varepsilon k \leq a$ だから

$$|\varepsilon g(k+1) - u_0| \leq \sum_{j=0}^{k} \varepsilon |F(\varepsilon j, \varepsilon g(j))| \leq \varepsilon M \cdot \omega b/M \leq b.$$

また, $0 \leq k_0 \leq k_1 \leq \omega \min\{a, b/M\}$ のとき

$$|g(k_1) - g(k_0)| \leq |\sum_{j=k_0}^{k_1-1} F(\varepsilon j, \varepsilon g(j))| \leq M(k_1 - k_0) \qquad (2)$$

となり, $x_0, x_1 \in \mathbb{R}$ について $0 \leq x_0 \leq x_1 \leq \min\{a, b/M\}$ ならば

$$|h(x_1) - h(x_0)| = |\operatorname{st}(\varepsilon g(\lfloor \omega x_1 \rfloor)) - \operatorname{st}(\varepsilon g(\lfloor \omega x_0 \rfloor))|$$

第 11 章 超準解析の応用

$$\sim |\varepsilon(g(\lfloor \omega x_1 \rfloor) - g(\lfloor \omega x_0 \rfloor))|$$
$$\leq \varepsilon M(\omega(x_1 - x_0) + 1) = M|x_1 - x_0| + M\varepsilon$$

が成立し，$h(x)$ が連続であることがいえる．これが，初めの微分方程式 (1) の解であることをいうためには

$$h(x) = h(0) + \int_0^x F(t, h(t))dt$$

がいえればよい．$g(x)$ は離散な点を除き連続だから，$F(t, \varepsilon g(\varepsilon t))$ はリーマン積分可能である．$x \in \mathbb{R}$ に対して $0 \leq s \leq x$ のとき $F(s, \varepsilon g(\omega s)) \sim F(s, h(s))$ となることを示す．$s_0 = \mathrm{st}(s)$ と置く．$s_0 \sim s$ だから $\varepsilon g(\omega s_0) \sim h(s_0) \sim h(s)$ である．また (2) より

$$|\varepsilon g(\omega s) - \varepsilon g(\omega s_0)| \leq \varepsilon M |\omega s - \omega s_0| = M|s - s_0|$$

だから，$\varepsilon g(\omega s) \sim \varepsilon g(\omega s_0)$ である．よって，$\varepsilon g(\omega s) \sim h(s)$ で，F が連続だから $F(s, \varepsilon g(\omega s)) \sim F(s, h(s))$ となる．(注意 1) により

$$\begin{aligned}
h(0) + \int_0^x F(t, h(t))dt &\sim u_0 + \int_0^x F(t, \varepsilon g(\varepsilon t))dt \\
&= u_0 + \int_0^{\omega x} \varepsilon F(\varepsilon s, \varepsilon g(s))ds \\
&\sim u_0 + \int_0^{\lfloor \omega x \rfloor} \varepsilon F(\varepsilon s, \varepsilon g(s))ds \\
&= \varepsilon(g(0) + \sum_{j=0}^{\lfloor \omega x \rfloor - 1} F(\varepsilon j, \varepsilon g(j))) \\
&= \varepsilon g(\lfloor \omega x \rfloor) \\
&\sim h(x)
\end{aligned}$$

となり，h が (1) の解となることがわかる．

このように，差分方程式の解は微分方程式の解となるが，この差分のやり方は標準部分をとる際のゆるみを含まず構成されるため，初期の状態から一本道

で解が構成されてしまう．そのため，通常のペアノの定理の証明のような自由性がないため，微分方程式の他の解は現れる可能性がない．もちろん差分方程式の解の一意性は微分方程式の解の一意性を意味しないが，このような方法で差分方程式から構成された微分方程式の解は何か特徴があるのだろうか？ 今のところ筆者にはわからない．

(注意 1)

$0 \geq x \in \mathbb{R}$ として，$g, f \in |{}^*\mathfrak{A}|$ が可積な関数で $f(t) \sim g(t)$ $(0 \leq t \leq x)$ が成立していれば，

$$\int_0^x f(t)dt \sim \int_0^x g(t)dt$$

が成立する．

任意の $0 < s \in \mathbb{R}$ について，与えられた条件から，

$$x|f(t) - g(t)| < s \quad (0 \leq t \leq x)$$

が成立する．よって

$$\left| \int_0^x f(t)dt - \int_0^x g(t)dt \right| \leq \int_0^x \left| f(t) - g(t) \right| dt \leq s$$

であるので，結論を得る．

(注意 2)

$$g(x) = \begin{cases} \omega^2 x, & 0 \leq x \leq \varepsilon \\ 2\omega - \omega^2 x, & \varepsilon \leq 2\varepsilon \\ 0, & x \geq 2\varepsilon \end{cases}$$

と置くと，$g(s)$ は連続関数で，$x \in \mathbb{R}$ について $h(x) = \mathrm{st}(g(x))$ とすれば，$h(x) = 0$ である．しかし，$g(x) \sim h(x)$ は $x = \varepsilon$ で不成立で，$[0, 1]$ での積分値は g は 1 で h は 0．つまり，(注意 1) における条件は $\mathbb{R}$ の上だけでは不十分である．

11.2 超離散について

いままで主に ${}^\#\mathbb{R}$ の範囲の話題を取り上げてきた．ただ Asymptotic Cone に関して log で変形された距離に関しては，もとの距離に関して，e^ω の定数倍

第 11 章　超準解析の応用

の範囲を使うことになった．この部分を積極的に使うのが超離散化という高橋大輔氏によって導入された過程である．超離散化は超準解析とは全く無縁に展開されているが，以下に見られるように超準解析のもとに理解すれば無限大での状態を記述できるためわかりやすいと思われる．次のセクションで述べるトロピカル代数幾何との関係で少し一般的に述べる．$0 < \nu \in {}^*\mathbb{R} \setminus \mathbb{R}$ を固定して考える（$\mathbb{R}$ に入っていても構わないが応用する場合は入っていないときである）．

$$x \oplus_\nu y = \log_\nu(\nu^x + \nu^y)$$
$$x \otimes_\nu y = \log_\nu(\nu^x \cdot \nu^y)$$

と定義する．$x \otimes_\nu y = x + y$ であり，他方 $\nu^{\max\{x,y\}} \leq \nu^x + \nu^y \leq 2\nu^{\max\{x,y\}}$ から

$$\max\{x,y\} \leq x \oplus_\nu y \leq \varepsilon \log 2 + \max\{x,y\}$$

が成立する．$x, y \in \mathbb{R}$ に対して

$$\mathrm{st}(x \oplus_\nu y) = \max\{x,y\}$$
$$\mathrm{st}(x \otimes_\nu y) = x + y$$

である．写像 $\mathrm{st}(\log_\nu *)$ の定義される範囲は

$$\{x \in {}^*\mathbb{R} \mid \text{ある } m \in \mathbb{N} \text{ について } 0 < x \leq \nu^m\}$$

である．とくに $\nu = e^\omega$ の場合考えてみると

$$\log_\nu * = \log_{e^\omega} * = \varepsilon \log *$$

である．写像 $\mathrm{st}(\varepsilon \log *)$ の定義される範囲は

$$\{x \in {}^*\mathbb{R} \mid \text{ある } m \in \mathbb{N} \text{ について } 0 \leq x \leq e^{\omega m}\}$$
$$= \{x \in {}^*\mathbb{R} \mid \text{ある } u \in {}^\#\mathbb{R} \text{ について } 0 < x \leq e^u\}$$

である．

また，代数系として $(^*\mathbb{R}, \oplus_\nu, \otimes_\nu)$ と体 $^*\mathbb{R}$ の正領域のなす代数系 $(^*\mathbb{R}^+, +, \cdot)$ は同型である (証明は ν の代わりに $0 < s \in \mathbb{R}$ を使ったものと $(\mathbb{R}^+, +, \cdot)$ の同型をいえば，それが $^*\mathfrak{A}$ で成立することからよい). $(^*\mathbb{R}^+, +, \cdot)$ は $\cdot$ について群となっているが，$+$ については単位元がないことに注意する.

補題 62. $x_i, y_i \in \mathbb{R}, x_i \neq 0$ とし，$\nu \in {}^*\mathbb{R} \setminus \overline{\mathbb{R}}$ とする.

(1) 任意の $y > \max\{y_i : 0 \leq i \leq n\}$ について
$$\nu^y > \left| \sum_{i=0}^n x_i \nu^{y_i} \right|;$$

(2) 任意の $y < \max\{y_i : 0 \leq i \leq n\}$ について
$$\nu^y < \left| \sum_{i=0}^n x_i \nu^{y_i} \right|.$$

証明 $0 < \delta \in \mathbb{R}$ について
$$|x_i \nu^{y_i}| < \nu^\delta \nu^{y_i} = \nu^{y_i+\delta},$$
$$|x_i \mu^{y_i}| > \nu^{-\delta} \nu^{y_i} = \nu^{y_i-\delta}$$

を使えばよい. □

定理 63. K を $\mathbb{R} \cup \{\nu^x : x \in \mathbb{R}\}$ を含む $^*\mathbb{R}$ の最小の部分体とする.

(*) $0 \neq u \in K$ ならばある $0 < x \in \mathbb{R}$ で
$$\nu^{-x} \leq |u| \leq \nu^x$$

なるものが存在する

が成立する.

証明 $\mathbb{R} \cup \{\nu^x : x \in \mathbb{R}\}$ を含む最小の環を S とする. まず，
$$\mathbb{R} \cup \{\nu^x : x \in \mathbb{R}\}$$

第 11 章 超準解析の応用

の要素の有限積は $\mathbb{R}$ と $\{\nu^x : x \in \mathbb{R}\}$ が積で閉じているから, $x, y \in \mathbb{R}$ があって $x\nu^y$ の形である. S の要素 u は

$$u = \sum_{i=0}^{m-1} x_i \nu^{y_i} \ (x_i, y_i \in \mathbb{R})$$

で表される. とくに

$$\sum_{i=0}^{m-1} x_i \nu^{y_i} = \sum_{i \in F_0} x_i \nu^{y_i} + \sum_{i \in F_1} x_i \nu^{y_i} + \sum_{i \in F_2} x_i \nu^{y_i},$$

ここで $x_i \neq 0$ で

$$y_i > 0 \ (i \in F_0), \ y_i = 0 \ (i \in F_1), \ y_i < 0 \ (i \in F_2)$$

となるように表せる. とくに $y_i \neq y_j \ (i \neq j)$ を仮定してよい. いま, $\sum_{i \in F_0} x_i \nu^{y_i} \neq 0$ のとき $y_{i_0} \ (i_0 \in F_0)$ が最大とする.

$$\left| \sum_{i \in F_0} x_i \nu^{y_i} \right| \leq \sum_{i \in F_0} \left| x_i \nu^{y_i} \right| \leq \sum_{i \in F_0} \left| \nu^{2y_i} \right|$$

$$\left| \sum_{i \in F_1} x_i \nu^{y_i} + \sum_{i \in F_2} x_i \nu^{y_i} \right| \leq \nu^{y_{i_0}}$$

であるから

$$\nu^{-2my_{i_0}} < 1 < |u| \leq \nu^{2my_{i_0}}$$

である. $\sum_{i \in F_0} x_i \nu^{y_i} = 0$ で, $\sum_{i \in F_1} x_i \nu^{y_i} \neq 0$ のときは,

$$\nu^{-1} < |u| < \nu$$

である. また, $\sum_{i \in F_0} x_i \nu^{y_i} = \sum_{i \in F_1} x_i \nu^{y_i} = 0$ のときは $y_{i_0} \ (i_0 \in F_2)$ が最小とする. すると, 補題 62 の不等式を繰り返し使うことで, $\nu^{2y_{i_0}} \leq |\sum_{i \in F_2} x_i \nu^{y_i}| = |u| < 1 < \nu^{-2y_{i_0}}$ となって S の要素に対しては (*) が成り立つ. K の要素は $u/v \ (u, v \in S, v \neq 0)$ であるから, ある $0 < x \in \mathbb{R}$ があって $\nu^{-x} < |u|, |v| < \nu^x$ であるとしてよい. $\nu^{-2x} < |u/v| < \nu^{2x}$ である. よって (*) が成り立つ. □

第 11 章 超準解析の応用

多項式のうち $-$ を含まない多項式を正多項式と呼ぶ. 変数記号と定数記号を分けず $f(x_0,\cdots,x_m)$ と書き, $x_0,\cdots,x_m$ と $+,\cdot$ を使ってできる式とする. $f_{\mathrm{tr}(\nu)}(x_0,\cdots,x_m)$ を $f(x_0,\cdots,x_m)$ の $+,\cdot$ を $\oplus_\omega,\otimes_\omega$ で置き換えたものとし, $+,\cdot$ を $\max,+$ で置き換えたものを $f_*(x_0,\cdots,x_m)$ と記す (添字の tr は Tropical という意味で $\mathrm{tr}(\nu)$ が意味をもっているわけではない). 正多項式の構成に関する帰納法で以下が成り立つ.

命題 64. $f(x_0,\cdots,x_m)$ を正多項式として, $0 < u_0,\cdots,u_m \in {}^*\mathbb{R}$ とすれば

$$\log_\nu f(u_0,\cdots,u_m) = f_{\mathrm{tr}(\nu)}(\log_\nu u_0,\cdots,\log_\nu u_m)$$

が成立する. とくに $0 < U_{n+1},\cdots,U_m \in \mathbb{R}$ とすると,

$$\log_\nu f(\nu^{U_0},\cdots,\nu^{U_n},U_{n+1},\cdots,U_m)$$
$$= f_{\mathrm{tr}(\nu)}(U_0,\cdots,U_n,\log_\nu U_{n+1},\cdots,\log_\nu U_m)$$

が成立し,

$$\mathrm{st}(\log_\nu f(\nu^{U_0},\cdots,\nu^{U_n},U_{n+1},\cdots,U_m)) = f_*(U_0,\cdots,U_n,0,\cdots,0)$$

が成立する.

命題 64 から以下が成立することがわかる.

命題 65. $f(x_0,\cdots,x_m), g(x_0,\cdots,x_m)$ を正多項式として, $0 < U_{n+1},\cdots,U_m \in \mathbb{R}$ とすると,

$$f(\nu^{U_0},\cdots,\nu^{U_n},U_{n+1},\cdots,U_m) = g(\nu^{U_0},\cdots,\nu^{U_n},U_{n+1},\cdots,U_m)$$

が成立していれば,

$$f_*(U_0,\cdots,U_n,0,\cdots,0) = g_*(U_0,\cdots,U_n,0,\cdots,0)$$

が成立する.

第 11 章 超準解析の応用

さらに正多項式 $f_0(x_0,\cdots,x_m), f_1(x_0,\cdots,x_m), g_0(x_0,\cdots,x_m), g_1(x_0,\cdots,x_m)$, に対して,
$$\frac{f_0(u_0,\cdots,u_m)}{f_1(u_0,\cdots,u_m)} = \frac{g_0(u_0,\cdots,u_m)}{g_1(u_0,\cdots,u_m)}$$
ならば
$$f_{0*}(U_0,\cdots,U_n,0,\cdots,0) - f_{1*}(U_0,\cdots,U_n,0,\cdots,0)$$
$$= g_{0*}(U_0,\cdots,U_n,0,\cdots,0) - g_{1*}(U_0,\cdots,U_n,0,\cdots,0)$$
が成り立つ.

超離散化の場合 $\nu = e^\omega$ とし, $\log_\nu *$ の操作が $\log_{e^\omega} * = \varepsilon \log *$ となる. K のなかの要素の四則演算したものは当然 K に入るが, 上記の性質から $0 < u \in K$ について $\varepsilon \log(u) \in \overline{\mathbb{R}}$ であり, $\mathrm{st}(\varepsilon \log(u)) \in \mathbb{R}$ が成り立つ. これが超離散化と呼ばれている過程で成立することを示す必要事項である.

とくに, $u_i \le u_j$ ならば, $\mathrm{st}(\varepsilon \log u_i) \le \mathrm{st}(\varepsilon \log u_j)$ であるから = および ≤ は保たれる. ただし st によって無限小は無視されるので, $\neq$ は一般には保たれない. しかし, $\mathrm{st}(\varepsilon \log e^{\omega x}) = x$ であるから, 初期値を, このような形で与えれば, それらについて等しくないという性質は保たれる. これが周期性あるいは形状保存という言葉で表現されている内容であろう.

次に, あるいくつかの u_i から u_j が一意に定義されるという性質を考える. 簡単ではあるが, この事情を説明する例として,
$$u_{n+1} + 1 = u_n$$
を取り上げる. これは $\mathbb{R}$ で考えれば, u_0 が正でも結局途中で負となる. しかし, u_0 を $e^{\omega x_0}$ $(x_0 > 0)$ と置けば $u_n > 0$ が常にいえる. そこで, 超離散化が定義できていて, $\max(U_{n+1}, 0) = U_n$ が成立するし, 一意性もこの場合成り立つ. もちろん, $U_n = U_0 = x_0$ であるわけであるが. ここには, 次の問題がある. この例は, $\mathrm{st}(\varepsilon \log u) = U_0$ となる任意の u について $v + 1 = u$ である v が正であることが成り立つので, 一意存在がいえている. しかし, $u_0 = \omega x_0$ と置いても, u_n は正で一意に定義できるが, $\max(U_1, 0) = \mathrm{st}(\varepsilon \log u_0) = 0$ で

は，U_1 の一意性がいえない．これは $\mathrm{st}(\varepsilon \log u_0) = 0$ のなかにいろいろなものがあることによるわけであるが，とくに u が 1 以下であると，v が $\varepsilon \log$ の定義域からはずれるということが関係している．一般に一意存在については保存されない．

以下の例題は「差分と超離散」（広田良吾，高橋大輔）にあるものである．

例題 1 (p.124)：$u_{n+1} = (1 + u_n)/u_{n-1}$：

この式の初期値 u_0, u_1 は正ならなんでも u_n は正で周期 5 になる．これを ${}^*\mathbb{R}$ で考える．$x_0, x_1 \in \mathbb{R}$ として $u_0 = e^{\omega x_0}, u_1 = e^{\omega x_1}$ から始めれば u_n が定義できて，$u_{n+5} = u_n$ となる．とくに $u_n \in K$ が定理 63 の体 K に対して成立している．そこで，$U_n = \varepsilon \log(u_n)$ を考える．$U_{n+5} = U_n$ が成立する．とくに，$\mathrm{st}(U_0) = U_0 = x_0, \mathrm{st}(U_1) = U_1 = x_1$ であるから，この部分は初めに与えた形状，つまり狭義の大小関係 $<$，が $U_{n+5} = U_n$ によって保存される部分となる．注意すべきところは，一般には $x \in \mathbb{R}$ で u_2 が $e^{\omega x}$ となるようなものがないということである．もちろん u_5, u_6 は周期性からそのような形になるわけであるが．

$x_1 \neq 0$ なら $u_2 \neq e^{\omega x}$ $(x \in \mathbb{R})$ であることを証明してみよう．$u_2 = e^{\omega x}$ であると仮定すると，$e^{\omega x_1} + 1 = e^{\omega(x+x_0)}$ となる．$x_1 > 0$ の場合 $1 < e^{\omega x_1}$ であるから，$e^{\omega x_1} \leq e^{\omega(x+x_0)} \leq 2e^{\omega x_1}$ である．$\varepsilon \log$ で写せば $x_1 \leq x + x_0 \leq \varepsilon \log 2 + x_1$ となり，$\varepsilon \log 2$ は無限小だから $x_1 = x + x_0$ だが $e^{\omega x_1} = e^{\omega(x+x_0)}$ となって矛盾．$x_1 < 0$ なら $e^{\omega x_1}$ は無限小であり，$e^{\omega(x+x_0)}$ は無限小か 1 か無限大であるから矛盾．

同様の方法で $x_0 \neq 0, x_1 = 0$ なら $u_3 \neq e^{\omega x}$ $(x \in \mathbb{R})$ であることがわかる．

例題 2 (差分バーガース方程式)(p.157)：

差分拡散方程式のパラメーターを特別なものにとると

$$f_j^{n+1} = (f_{j+1}^n + f_{j-1}^n)/2$$

となる．これを

$$v_j^n = f_{j+1}^n / f_j^n$$

第 11 章 超準解析の応用

で変換して,
$$v_j^{n+1} = v_j^n \frac{v_{j+1}^n + 1/v_j^n}{v_j^n + 1/v_{j-1}^n}$$
を得る．差分拡散方程式の解は

k_i, c_i を定数とし，$w_i = \log(\cosh k_i)$ とすれば，

$$f_j^n = \sum_{i=0}^{N} e^{k_i j + w_i n + c_i}$$

で与えられる．

　この場合，解はすでに exponential の形なので，$k_i = \omega K_i, c_i = \omega C_i$ ただし $K_i, C_i \in \mathbb{R}$ とする．すると

$$\begin{aligned}k_i j + w_i n + c_i &= \log e^{j\omega K_i} + \log(e^{\omega K_i} + e^{-\omega K_i})^n + \log e^{\omega c_i} \\ &= \log(e^{j\omega K_i}(e^{\omega K_i} + e^{-\omega K_i})^n e^{\omega c_i})\end{aligned}$$

よって
$$e^{k_i j + w_i n + c_i} = e^{j\omega K_i}(e^{\omega K_i} + e^{-\omega K_i})^n e^{\omega c_i} \in K.$$

これから，$f_j^n \in K$ であり，$v_j^n \in K$ となるので定理 63 を適用でき，命題 65 を適用できる．

例題 3 (ロトカ–ボルテラ方程式) (p.199)：

差分方程式は

$$(1+\delta) f_j^{n+1} f_{j+1}^n = f_j^n f_{j+1}^{n+1} + \delta f_{j-1}^n f_{j+2}^{n+1}$$

で，
$$u_j^n = \frac{f_{j-1}^n f_{j+2}^{n+1}}{f_j^n f_{j+1}^{n+1}}$$

の変数変換により

$$u_n^{t+1} - u_n^t = \delta \left(u_n^t u_{n-1}^t - u_n^{t+1} u_{n+1}^{t+1} \right)$$

を得る.

u_n^t に関するソリトン解は元の方程式のソリトン解から得られるので，そのソリトン解を考察する.

$$f_j^n = \sum_{S \subset \{1,\cdots,N\}} \exp\left(\sum_{m \in S} \xi_m(j,n) + \sum_{l,m \in S, l<m} a_{lm}\right)$$

$$\xi_m(j,n) = k_m - w_m n + c_m, \quad w_m = \log\frac{1+\delta(1+e^{k_m})}{1+\delta(1+e^{-k_m})},$$

$$a_{lm} = \log\left(\sinh^2\frac{k_l-k_m}{2} \bigg/ \sinh^2\frac{k_l+k_m}{2}\right)$$

差分バーガース方程式の場合と異なるところは，時間格子の単位 δ のあるところである.

$$k_m = \omega K_m, \quad c_m = \omega C_m, \quad \delta = e^{-\omega}$$

と置く.

$$w_m = \log\frac{1+e^{-\omega}(1+e^{\omega K_m})}{1+e^{-\omega}(1+e^{-\omega K_m})}$$

$$= \log\frac{1+e^{-\omega}+e^{\omega(K_m-1)}}{1+e^{-\omega}+e^{-\omega(K_m+1)}}$$

$$a_{lm} = \log\left(\left(\frac{e^{\omega(K_l-K_m)/2}-e^{\omega(-K_l+K_m)/2}}{2}\right)^2 \bigg/ \left(\frac{e^{\omega(K_l+K_m)/2}+e^{\omega(-K_l-K_m)/2}}{2}\right)^2\right)$$

であるから，差分バーガース方程式の場合と同様に，$f_j^n \in K$ となり，$u_j^n \in K$ となるので定理 63 を適用でき，命題 65 を適用できる.

$\lim_{n\to\pm\infty} u_n^t = c > 0$ および初期設定 $u_n^0 > 0$ をすれば，すべての $u_n^t > 0$ が決まるという性質が成立する．これは $^*\mathfrak{A}$ で自動的に成立する．また δ および c は自由であるから後で設定すればよい．この場合 $c=1$ としておけば，$\varepsilon\log c = 0$ となる．$\delta = e^{-\omega}$ とおく．例題 1 と同じように形状が同じとなっていることがわかる．初期値，パラメーターを K のなかに設定し，命題 65 の条件を満たす式が得られれば自動的に書き換えたものが成立する．そのとき興味あるものが出てくるかどうかは，また別の問題である.

第 11 章 超準解析の応用

考察：これで何がわかったことになるのか？ ということ．$^*\mathbb{R}$ の部分体 K における $+,\cdot$ に関する関係式を $\varepsilon\log$ によって変換して $\mathbb{R}$ に写したものが超離散である．とくに初期値その他が無限大になっているのが特徴．K が体であるので，四則演算による変数変換の結果は K に含まれ，その結果 K の正の部分を $\varepsilon\log$ で変換した結果は $\overline{\mathbb{R}}$ に含まれる．これを st でもどしたものが超離散の $+,\max$ のシステムである．また通常，超離散化に関して距離あるいは位相について考察されないが，0 と同値となる範囲を考えると Asymptotic Cone で考察した距離

$$\log(1+|x-y|)$$

で考えるのが自然だが，この距離で導入される距離では，命題 54 により $\mathbb{R}$ の点は 0 以外孤立点となる．この事情は次のトロピカル化でも同様である．以下が Asymptotic Cone と 超離散の関係の図式である．

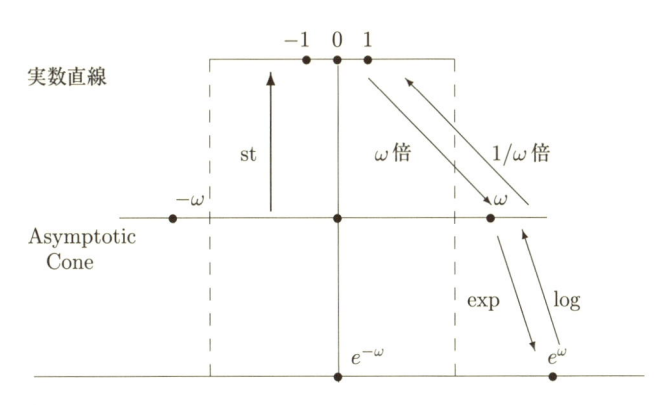

11.3 トロピカル代数幾何について

超離散の $(\max,+)$ の代数系がトロピカル代数幾何 [5] にも現れる．こちらの方も超準解析を使った体の構成に触れているが超準解析は積極的には使われては

いない.超離散では自然対数が使われるが,[5] のトロピカル代数幾何では対数の底を無限大にした極限をとる.ここでは超準解析の枠組の中で,Asymptotic Cone, 超離散化との関係を見てみよう.超離散の項で述べた $x \oplus_\nu y$, $x \otimes_\nu y$ において $\nu = \omega$ ととる.少なくとも [5] の考え方を超準解析で素直に実現すれば $\nu = \omega$ ととるのが自然である.$\mathrm{st}(\log_\omega *)$ の定義域は

$$\{x \in {}^*\mathbb{R} \mid \text{ある } m \in \mathbb{N} \text{ について } 0 \leq x \leq \omega^m\}$$

であるから,超離散のときと一応異なってはいる.各々の分野で感じの違う極限を見ようとしているのかもしれないが,次のように見ると同じものを見ているともいえる.

定理 66. $\nu_0, \nu_1 \in {}^*\mathbb{R} \setminus \mathbb{R}$ とし K_i を $\mathbb{R} \cup \{\nu_i^x : x \in \mathbb{R}\}$ $i = 0, 1$ を含む ${}^*\mathbb{R}$ の最小の部分体とする.

このとき, K_0 と K_1 は同型である.

証明 補題 62(1) から $\nu \in {}^*\mathbb{R} \setminus \mathbb{R}$ について $\{\nu^x \mid x \in \mathbb{R}\}$ が $\mathbb{R}$ 上一次独立であることが成立する.S_i を $\mathbb{R} \cup \{\nu_i x : x \in \mathbb{R}\}$ を含む最小の環とする.定理 63 の証明のときと同様, S_i の要素 u は

$$u = \sum_{i=0}^{m-1} x_i \nu^{y_i} \ (x_i, y_i \in \mathbb{R})$$

で表せ, $x_i \neq 0$ で $y_i \neq y_j (i \neq j)$ とすればこの表記は一意的である (ただし $m = 0$ のとき $u = 0$).この表記によって和と積を保存する同型写像 $\varphi : S_0 \to S_1$ を $\varphi(x) = x$, $\varphi(\nu_0^x) = \nu_1^x (x \in \mathbb{R})$ が成立するように定義できる. K_0, K_1 は各々 S_0, S_1 の商体であるから, φ が K_0 と K_1 の同型写像に拡大される. □

これを $\nu_0 = e^\omega$ と $\nu_1 = \omega$ に適用する.$\varepsilon \log * = \log_{e^\omega} *$ であるから, $\log_\omega$ の場合との違いは e^ω を使うか ω を使うかであり,必ずしも $\mathbb{N}$ 上の超積とは限らない一般の超準解析の枠組で考えれば, ${}^*\mathbb{N} \setminus \mathbb{N}$ の要素 ν と ω の役割は変わらないので,超離散化もトロピカル化も同じものとも考えられる.超離散の

第11章 超準解析の応用

場合もトロピカル代数幾何もそれぞれ K_0 および K_1 の構造を見ていると思えば，st によって多くのものが同一視される前から同型となる構造に着目していることになる．とくに超離散化のところで述べた正多項式に関する議論でとくに命題 65 はトロピカル化と共通のものである．超離散化はソリトン解と関係して展開されてきているので，e の冪乗を使うのが自然であったということであると思う．

ここで，平面グラフを使って (1) Asymptotic Cone, (2) 超離散化, (3) トロピカル化の違いを見てみよう．

まず $u \in \mathbb{R}$ について

(1) $\operatorname{st}(\varepsilon(\omega u)) = u$;
(2) $\operatorname{st}(\varepsilon \log e^{\omega u}) = u$;
(3) $\operatorname{st}(\log_\omega \omega^u) = u$

であることに注意する．(2), (3) の場合があるので，第一象限のみ考える．

・$y = nx$ のグラフの場合：

(1) $\operatorname{st}(\varepsilon(n\omega u)) = nu$ だから，元の $y = nx$ のグラフとなる．
(2) $\operatorname{st}(\varepsilon \log ne^{\omega u}) = \operatorname{st}(\varepsilon \log n + \varepsilon \log e^{\omega u}) = u$ となるので，n に無関係に $y = x$ のグラフとなる．
(3) (2) と同様に $y = x$ のグラフとなる．

・$y = x^n$ のグラフの場合：

(1) $\varepsilon(\omega u)^n$ は $\operatorname{st}(\varepsilon *)$ の定義域に入らない．他方 $\operatorname{st}((\omega)^{1/n}) = 0$ だから，集合 $\{(0, y) \mid y \geq 0\}$ となる．
(2) $\varepsilon \log y = \varepsilon \log x^n = n\varepsilon \log x$ となるので，$y = nx$ のグラフとなる．
(3) (2) と同様に $y = nx$ のグラフとなる．

・$y = e^x$ のグラフの場合：

(1) の場合は $e^{\omega u}$ が，(2) の場合は $e^{e^{\omega u}}$ が，(3) の場合は $e^{\omega u}$ が $\overline{\mathbb{R}}$ にもどる写像の定義域に入らないのですべて $\{(0, y) \mid y \geq 0\}$ となる．

上記とは異なるが，無限大のところでの円がどのようになるかを見てみよう．

・半径が ω の場合：

(1) $x^2+y^2=\omega^2$ を満たす点集合からは,$x^2+y^2=1$ を満たす単位円が得られる.

(2) $2\omega < e^{\omega/n}$ $(n \in \mathbb{N})$ であり $x^2+y^2=\omega^2$ $(x,y \geq 0)$ を満たす点集合は原点からの距離が 2ω 未満だから,原点だけの集合となる.

(3) $2\log_\omega x + 2\log_\omega y = 2$ となるから,$x+y=1$ を満たす第1象限の点集合となる.

・半径が $\sqrt{\omega}$ の場合:

(1) $\sqrt{\omega} < \omega/n$ $(n \in \mathbb{N})$ であるから,(2) の場合と共に原点だけの集合となる.

(3) $2\log_\omega x + 2\log_\omega y = 1$ となるから,$x+y=1/2$ を満たす第1象限の点集合となる.

この章の話題は,現在研究されていることで超準解析が関係していながら超準解析が十分に使われてはいないと著者が感じるところである.今後の考察が必要であると思う.

この章の参考文献

第11章は数理論理学そのものからはかなり離れた話題を扱ったので,ここに参考文献をまとめておく.

[1] J. Burillo, Dimension and fundamental groups of asymptotic cones, J. London Math. Soc. **59** (1999), 557–572.

[2] L. van den Dries and A. J. Wilkie, On Gromov's theorem concerning groups of polynomial growth and elementary logic, J. Algebra **89** (1984), 349–374.

[3] M. Gromov, Infinite groups as geometric objects, Proc. ICM Warszawa, Vol 1 (1984), 385–391.

[4] M. Gromov, Asymptotic invariants for infinite groups, Geometric Group Theory, LMS Lecture Notes Series, vol. 182, London Mathematical Society (1993), pp. 1–295.

[5] I. Itenberg, G. Mikhalkin and E. Shustin, Tropical Algebraic Geometry, Birkhäuser, Basel (2009).

[6]　高橋大輔，広田良吾，差分と超離散，共立出版.

[7]　S. Thomas and B. Velickovic, Asymptotic cones of finitely generated groups, Bull. London Math. Soc. **32** (2000), 203–208.

おわりに

　この本の初めの3分の2は，著者が筑波大学から早稲田大学に移った15年ほど前から少しずつ書いて授業で配っていたものをまとめたものである．当時から本にしようと思ってまえがきを書いてあったのだから，ずっと完成しなかったということはそれほどまとまりよく書けなかったということで，本になったから完成したわけでもない．

　あとの方の章は教科書向けではないが，その前までを教科書として使うならば，完全性定理の証明までで半年程度というところだろうと思う．論理式の定義はいろいろな流儀があるが，正確に定義しようと思うと，どの流儀であろうとなかなか面倒なことになる．しかし，論理式自体の定義があまり面倒だと，なかなかその先に進めない．そこで，あまり面倒なことをいわずに論を進めている本も多い．正確に述べようとすると面倒になるのは，変数の置き換えに関するところにある．この本では文字列に対する文字の置き換えを定義しているが，これももっと厳格にすると，文字列の定義からすることになる．このような概念を正確に記述しようとすれば，自然数の定義をどこでしているのか，ということが係わる．このことは，第10章の終わりのほうに出てくる「論理式」の定義がどこで行われているかといったことの違いに関係する．このようなことは，前に述べたように無限連鎖に陥る．では，著者はどのように考えて数学の研究をしているのか？　問われると思う．普通は，著者は形式化されないところでものを考えており，数理論理あるいは集合論を応用するときのみ形式化を意識する．これは，数理論理学あるいは集合論の研究者もほぼ同様であろう，人

がものを考えるのは形式化された行為ではないのだから.

最後に，この本と関係する本の紹介をしたい (本の紹介をするので，この「おわりに」では，「著者」という言葉はその本の著者のために使い，「私」という言葉を使わせていただく). といっても私は数学の本を読みとおす力が極めて弱いので，全部読んだ後の感想ではない. この本では，数学基礎論のなかで数学全体とつながりの強いモデル理論と集合論を意識した内容を扱った.

和書でモデル理論の本というと

　　坪井明人著,「モデルの理論」, 河合文化教育研究所

という本があり，これは安定性という概念を中心に書かれた本である. 大変良い本であるが，程度は高く難しい. たとえば第 1 章に基本事項をまとめてあるのだが，これをさっと理解できるのは，かなりの専門家といってよい. また,「ゲーデルと 20 世紀の論理学」第 2 巻のなかに坪井氏の書かれた章があり，そこには量化子除去定理も書かれている. 現在代数系を中心に応用されていることと関係しており，お薦めである. これも程度は,「モデルの理論」と同じ程度でありやさしくはない. 話は違うが坪井明人氏は私のモデル理論の先生で，質問すると大変要領よく教えてくださる. これは，私のモデル理論についての理解の程度をよく把握されていられるからだと思う.

洋書でモデル理論といえば,

　　C. C. Chang, H. J. Keisler, "Model Theory", North-Holland

である. 全部読むのは大変であるし，百科事典のようなところがあるが，個々の証明は気持ちよく読める. モデル理論の最近の流れでは，代数幾何，非可換群など代数系への応用が見られる. これらについては，E. Hrushovsky, Z. Sela という名前でインターネットを検索されるといろいろな論文を見つけることができる.

集合論に関しては,

　　難波完爾著,「集合論」, サイエンス社

という本がある. 著者の難波完爾先生は，私が大学院のとき集合論を習った先生であり，難波先生の書かれた本は私にとっては，すべて面白い本である. 初めの 4 分の 1 程度を飛ばして読めば，証明の筋の流れが明快で良い本だと思う.

おわりに

難波先生の本の多くに共通することは，初めの簡単そうなところが，妙にというか，極めてというか，難解なことである．事情を知るものとして，以下のことを記しておきたい．難波先生は多くの読者に，ものを考えるきっかけとなる刺激を与えたいという気持ちが強くおありのようで，ただ普通に書かれているように書いて，読者が読み飛ばし，ものを深く考える機会を逸してしまうことになることがないようにという配慮をされているように思う．この配慮が難解さにつながっていると愚考いたします．

田中尚夫著，「公理的集合論」，培風館

という本もかなり以前に出版された本である．田中尚夫先生は，私の大学院のときの記述集合論の集中講義を受けたことのある先生で，実直，真摯な人柄で，著書にもそれは現れている．私のような，難波先生に鍛えられた読者には，田中先生の実直さが，多少軽妙さやリズム感に欠けるとも感じられるが，それは結局飛んでいないということで真面目に読める本だと思う．

渕野昌著，「構成的集合と公理的集合論入門」

松原洋著，「集合論の発展–ゲーデルのプログラムの視点から」

上記は「ゲーデルと20世紀の論理学」第4巻(東京大学出版会)におさめられている．渕野昌氏の書かれているところの前半は，平易で読みやすいと思う．構成的集合と強制法はどうころんでもやさしいというわけにはいかないのでこの程度にあっさりと書いてあるのが適当だろうと思う．つまり，これでわかるというわけにはいかない．松原洋氏の書かれている部分はゲーデルのプログラムが現在の集合論の研究者によってどのように進められてきたかを述べているので，これもやさしいというわけにはいかない．ただ基本的なやさしくわかる概念はていねいに書いてあるので，読み心地はよい．現在の集合論研究者の思想がわかるという意味でとてもよいのではないかと思う．この本は，この2つの章の前に，集合論の自由な思想とは相容れない編者による考え方が書かれており，第4巻として読むと私は違和感を感じる．

洋書では

K. Kunen, "Set Theory", Elsevier

Kanamori, "The Higher Infinite", Springer

おわりに

T. Jech, "Set Theory", Springer

がある．Kunen の本は，Forcing を中心とした本ということになっているが，Forcing に関していえば，そうわかりやすいともいえない．しかし，第 2 章が数理論理学と無関係に読める章で，実数直線に関係する集合論の研究対象をまとめてあり，この方向の集合論の研究ではどのようなことを解明したいのか，明確にわかるので，集合論を研究するのならぜひ読んだらよい本である．Kanamori の本は巨大基数の関係を扱った本で格調が高く，証明もきちっとしている．Jech の本は，百科事典のような本だが，モデル理論の Chang-Keisler の本と同様，証明は気持ちよく読める．この 3 冊ともレベルは高い．

また S. Shelah の本はモデル理論の本も集合論の本もとても難しいので有名で，良い本として推薦するというわけにはいかない．しかし，Shelah は極めて優れた数学者で，モデル理論，集合論そして他分野に広がった目覚しい成果をあげており，そのような人がどのようなことを書くのかということがわかるという意味でお薦めではある．

「はじめに」に述べたように数学基礎論に関連して，我が国では証明論に関して多くの研究があり本も出版されている．従来，数学基礎論関係を分野に分けると，すでに述べている集合論，モデル理論のほかに，証明論，帰納関数論といった部門がある．現在は帰納関数論は計算機数学の基礎分野となりそれ自身はあまり研究されなくなった．また順序数上の帰納関数論は弱い集合論として集合論の一部となってしまった．その代わりというわけでもないが，いろいろな分野が他にもできている．

証明論に関する本を少し紹介しよう．

竹内外史，八杉満利子共著,「数学基礎論」，共立出版

この本の基の部分は竹内先生が若いとき，Gentzen の論文にいたく感動し，それを和訳したというものだそうである．この本は日本の数学基礎論に大きな影響を与えた．この本を読むと 2 階算術の cut 除去定理こそが，無矛盾性証明の目標であり，数学基礎論とはそれを研究するものだ，という感じがする．竹内先生はその後，いろいろな研究をされているが，ここが竹内先生の研究の原点のように私も思う．「も」，というのは他の同調者もいられるので，私だけの感

想ではないし,竹内先生自身がどこかに書かれていたと思う.私は,無矛盾性証明というものに当初から興味がなかった.それでも,Gentzen の cut 除去定理の美しさに感動する程度の感性はある.

　　前原昭二著,「数理論理学」,培風館
がある.私は数学基礎論を東京教育大学の大学院で,正確には学部 4 年の後期から学んだのであるが,当時は上記 4 分野の研究者が集まっていて,これらのかなり異なる 4 分野のセミナーを聞くことができた.その中で,全体で集まるセミナーの主催者が前原先生であった.このような環境はその後,国内ではありえない状態となった.私は,修士課程から 7, 8 年集合論を自分の研究目標に置きつつ,そのような環境に身を置いたこともあり,当時の数学基礎論の各分野についても一応の知識をもつようになったように思う.自分では,幸いなことだと思っているが,この私の本もそのような立場で書いた.多少なまいきな書き方は,その立場のせいでなく本人の性格である.また脱線してしまった.前原先生は話が面白く洒落もきいていて楽しい先生であったが,学問となると極めて厳しかったようで,私の先輩には厳しく叱られて泣いたといっては喜んでいた人がいた.本を書くときは,この厳しさを自分に向けられて書かれているようで,いくつかの本があるが,どれも評判がよい.

　　上江洲忠弘著,「記号論理・入門」,遊星社
　　上江洲忠弘著,「述語論理・入門」,遊星社
は証明論の本である.著者の上江洲忠弘氏は私の教育大学時代の先輩で,私の証明論の先生である.といって,私はそれほど証明論に精通しなかった.全然わからないというわけではないが.

　以下は証明論の本ではない.

　　小野寛晰著,「情報科学における論理」,日本評論社
がある.この本には,ここで扱わなかった直観主義論理のクリプケモデルについて書いてある.

　　Shoenfield, "Mathematical Logic", Association of Symbolic Logic
という本がある.この本は私が大学院生の頃出版された古い本で,数学基礎論のかなりの部分について書いてある.Model Theory と Recursion Theory の章

はよくまとまっていて評判がよい.近藤基吉先生は記述集合論で素晴らしい定理を証明された先生で,「近藤の定理」は古典的記述集合論で一番深い定理であると思う.この Shoenfield の本がでたとき近藤先生は「すごい本がでました」といって騒いでおられた.近藤先生の定理は証明が長くて面倒なものであったのが,かなり整理されすっきりしたものになっていた.私は近藤先生はそこしか読まれなかったのではないか,と疑っており確認しないでいるうち先生は亡くなってしまった.その証明が Recursion Theory の章に載っており,この本の出版後の Determinacy と関係した記述集合論の発展につながっている.具合の悪い方をあげると,Set Theory の章は評判が悪い.強制法について書いてあるのだが,集合論を数理論理学に取り込んで,味とそっけを抜いてしまった感じがするせいだろうと思う.そうはいうが,数学基礎論の関係の専門書でこれほど多くの分野をカバーしている本はないと思う.

超準解析は応用の仕方に応じ都合のよい形で利用すべきものであると思うが,そこには正確な理解が必要であることはいうまでもない.

マーティンデービス著 (難波完爾訳),「超準解析」,培風館

がよいのではないかと思う.また キースラー (J. Keisler) は自分のホームページに超準解析の本をダウンロードできるように置いている.

問題解答

第1章

[1] $\forall xA$ が論理式であるから，論理式の定義から，論理式 B と自由変数 b があり，

$$\forall xA \equiv \forall xB\begin{bmatrix}b\\x\end{bmatrix}$$

が成立する．よって $A \equiv B\begin{bmatrix}b\\x\end{bmatrix}$ であるから，

$$A\begin{bmatrix}x\\a\end{bmatrix} \equiv B\begin{bmatrix}b\\x\end{bmatrix}\begin{bmatrix}x\\a\end{bmatrix}$$

である．$\forall xB\begin{bmatrix}b\\x\end{bmatrix}$ が論理式であるから，論理式 B の中には x は現れない．よって

$$A\begin{bmatrix}x\\a\end{bmatrix} \equiv B\begin{bmatrix}b\\x\end{bmatrix}\begin{bmatrix}x\\a\end{bmatrix} \equiv B\begin{bmatrix}b\\a\end{bmatrix}$$

である．定理 6 によって $B\begin{bmatrix}b\\a\end{bmatrix}$ が論理式であるから，結論を得る．

第2章

[1] 論理式は項を含んでいるので当然，項に関することを先に示しておかなくてはならない．項 t が $a_1, \cdots, a_n$ 以外に自由変数を含まないとき

$$\sigma(t\begin{bmatrix}a_1,\cdots,a_n\\ \underline{u_1},\cdots,\underline{u_n}\end{bmatrix}) = (t\begin{bmatrix}a_1,\cdots,a_n\\ \sigma(\underline{u_1}),\cdots,\sigma(\underline{u_n})\end{bmatrix})$$

が成立することを項の構成に関する帰納法で証明する．次に論理式記号の個数に関する帰納法で命題を証明することになる．論理記号がないときは，この項についての性質と同型写像の定義から結論される．一番外側の論理記号が $\forall$ あるいは $\exists$ の場合は直接に証明できる．$\exists$ の場合のみ扱う．閉論理式 $\exists xA$ について a を $a_1, \cdots, a_n$ と異なる自由変数とする．帰納法の仮定から，任意の $u \in |\mathfrak{A}|$ に対して

$$\mathfrak{A} \models F\begin{bmatrix}a_1,\cdots,a_n,a\\ \underline{u_1},\cdots,\underline{u_n},\underline{u}\end{bmatrix} \quad \text{と} \quad \mathfrak{B} \models F\begin{bmatrix}a_1,\cdots,a_n,a\\ \underline{\sigma(u_1)},\cdots,\underline{\sigma(u_n)},\underline{\sigma(u)}\end{bmatrix}$$

が同値であるので，これから結論を得る．

[2] (A) で成立するのは (1), (2), (4) で，(B) で成立するのは (2), (4).

[3] いくつかの異なるやり方はあるが，以下は 1 つの例である．次の 2 つの論理式を考える．

$$A_0 \equiv \forall x((a \leq x \land \neg x = a) \to \forall y \forall z(x \leq y \land x \leq z \to (y \leq z \lor z \leq y))$$
$$A_1 \equiv \forall x((x \leq a \land \neg x = a) \to \forall y \forall z(y \leq x \land z \leq x \to (y \leq z \lor z \leq y))$$

A_0 は a より真に大きい部分は全順序となっているということを意味しており, A_1 はその双対である. (D) には A_0 と A_1 共に満たす a があるが (C) にはない.

$$\exists w(A_0[{}^a_w] \land A_1[{}^a_w])$$

が (D) で成立し (C) で不成立である論理式である. もちろん A_0, A_1 は形式記号でなく, 各々は右辺の略である.

第3章

[1] $(0,0)$ はこの半順序集合のなかで唯一の極大点であり, $(2/3, -4/27)$ は唯一の極小点であるので, $\{(0,0)\}$ と $\{(2/3, -4/27)\}$ が定義可能となる. 他の点, たとえば $(1,0)$ は $(2,4)$ に写す自己同型写像があるので, その 1 点集合が定義不可能であることが命題 15 からわかる.

[2] (1) は E を中心に回転させる自己同型写像がある. 一方, 点 E のみがすべての点とつながっている. よって E のみ. (2) は A を B に D を C に写す自己同型写像がある. 一方, 点 E のみが端点と直接つながっていない点である. よって E のみ.

第5章

[1] (3) は LJ での証明図が書ける. (4) はそうはいかない. 解は省略.
[2] p. 60 に書いたように, すべて LJ で証明できない論理式である. 解は省略.

第6章

[1] 何か工夫すべきということはない. 何が証明すべきことかを把握することが目的である.
[2] すでに完全性定理を証明しているので, この証明は, LK の証明をしてもよいし, 構造を使ってもよい. 項 t について

$$a_1 = b_1 \land \cdots \land a_n = b_n \land t = t[{}^{a_1,\cdots,a_n}_{b_1,\cdots,b_n}]$$

を証明した後, 論理式の複雑さに関する帰納法で証明する.

[3] 命題 31 を使えばよい.

第 7 章

[1] $\mathcal{F} \subseteq \mathcal{G}$ は明らかである．$Z \in \mathcal{F}$ について $X \cap Z$ が空集合であるとすると，$Z \subseteq I \setminus X$ となり $I \setminus X \in \mathcal{F}$ となる．$I \setminus X \notin \mathcal{F}$ という仮定から $X \cap Z$ は空集合でない．よって $\mathcal{G}$ に空集合は含まれない．$Y \in \mathcal{G}$ で $Y \subseteq W \subseteq I$ ならば $X \cap Z \subseteq Y$ となる $Z \in \mathcal{F}$ が存在する．$X \cap Z \subseteq W$ だから $W \in \mathcal{G}$ である．$Y_0, Y_1 \in \mathcal{G}$ とすると，$X \cap Z_0 \subseteq Y_0, X \cap Z_1 \subseteq Y_1$ となる $Z_0, Z_1 \in \mathcal{F}$ が存在する．$\mathcal{F}$ がフィルターであることから $Z_0 \cap Z_1 \in \mathcal{F}$ であり，$X \cap Z_0 \cap Z_1 \subseteq Y_0 \cap Y_1$ だから $Y_0 \cap \mathcal{G}$ となる．

[2] $\{i \in I \mid u(i) = u(i)\} = I \in \mathcal{F}$ から $u \sim_{\mathcal{F}} u$ である．$u \sim_{\mathcal{F}} v$ ならば $v \sim_{\mathcal{F}} u$ であることは $u(i) = v(i)$ ならば $v(i) = u(i)$ であることから導かれる．$u \sim_{\mathcal{F}} v$ かつ $v \sim_{\mathcal{F}} w$ ならば $\{i \in I \mid u(i) = v(i)\} \in \mathcal{F}$ かつ $\{i \in I \mid v(i) = w(i)\} \in \mathcal{F}$ である．
$$\{i \in I \mid u(i) = v(i)\} \cap \{i \in I \mid v(i) = w(i)\} \subseteq \{i \in I \mid u(i) = w(i)\}$$ で
$$\{i \in I \mid u(i) = v(i)\} \cap \{i \in I \mid v(i) = w(i)\} \in \mathcal{F}$$
であるから $\{i \in I \mid u(i) = w(i)\} \in \mathcal{F}$ すなわち $u \sim_{\mathcal{F}} w$ である．

[3] 定理 33 の証明の中に書いてあるように項の構成に関する帰納法で証明する．つまり，自由変数である場合はその自由変数は与えられた条件から，$a_1, \cdots, a_n$ のうちのどれかであるということに注意する．定数の場合およびその他の場合，とくに注意を要するところはない．

[4] 空集合は有限集合であるから $I \in \mathcal{F}_0$ であり，$\mathbb{N}$ が無限集合であるから $\emptyset \notin \mathcal{F}_0$ である．フィルターの他の性質は，有限集合の部分集合がまた有限集合であること，また有限集合と有限集合の和集合がまた有限集合となることから導かれる．

$\mathcal{F}_1$ がフィルターであることは空集合は高々可算集合であるからこと，I が非可算集合であること，高々可算集合の部分集合がまた高々可算集合であること，高々可算集合と高々可算集合の和集合がまた高々可算集合となることから導かれる．

第 8 章

[1] 部分構造は，関数で閉じている部分集合を指定することにより 1 つに決まる．そのため有限群でなければ，部分群とならない部分構造がある．逆元をとる操作で閉じている部分構造が部分群となる．つまり，逆元をとる 1 変数関数を構造に加えれば，その部分構造は部分群となる．

[2] 「正負の元をともに含む」というこの問題の条件をおとして考えると部分構造のなかには，6 以上の偶数全体などもあるため，すべてをあげるのは繁雑である．こ

の条件にすれば，部分群となるものだけである．つまり $m \geq 0$ となる自然数 m に対して $m\mathbb{Z}$ の形のものとなる．$S \subseteq \mathbb{Z}$ に対して $(S, + \mid S \times S)$ が $(\mathbb{Z}, +)$ の部分構造とする．S の正の要素の最小と負の要素の最大を m_0, m_1 とする．最小と最大という条件から，$m_0 + m_1 = 0$ となる．よって $0 \in S$ が成立する．$m_0\mathbb{Z} \subseteq S$ は明らかである．$S \subseteq m_0\mathbb{Z}$ が成立しないとすると，正あるいは負の整数で $S \setminus \mathbb{Z}$ に入るものがあることになるが，正の整数の場合 m_1 を何回か加えることにより m_0 より小さい正の整数が S に入ることになり矛盾する．負の整数の場合も同様である．

[3] 群 $(\mathbb{Q}, +)$ の部分群の分類は R. Baer による大変美しい定理があるが，概念の定義が必要なので，L. Fuchs "Infinite abelian groups II" を参照してもらうことにし，割愛する．さて初等部分構造であるので，部分群になることは明らかである．問題は，真部分群 H で初等部分構造となるものがあるかということになる．$a \in \mathbb{Q} \setminus H$ とする．

$$\exists x \exists y (x + x = x \wedge \neg(x = y))$$

によって単位元以外の要素の存在を表せるので，H は単位元以外の要素 h がある．$a, h > 0$ を仮定して一般性を失わない．自然数 m, n が存在し，$ma = nh$ が成立する．

$$\exists x (\overbrace{x + \cdots + x}^{m} = \overbrace{h + \cdots + h}^{n})$$

という論理式が $(\mathbb{Q}, +)$ で成立するので，$(H, +)$ でも成立するので，$a \in H$ となり矛盾する．つまり，初等部分構造は $(\mathbb{Q}, +)$ そのものだけである．

[4] $\{1, -1\}$ が積演算で，群 $\mathbb{Z}/2\mathbb{Z}$ と同型である．あとは $(\{u \in \mathbb{Q} \mid u > 0\}, \cdot)$ が可算生成の自由アーベル群と同型であることを示せばよい．p_i を i-番目の素数とする．$u \in \mathbb{Q}$ について $u > 0$ のとき，

$$u = p_0^{n_0} \cdots p_m^{n_m} \ (n_i \in \mathbb{Z})$$

と表すことができる．u に対して，$(n_0, \cdots, n_m)$ の対応が可算生成の自由アーベル群への同型写像を与えている．

[5] [4]と同様で $\{1, -1\}$ が積演算で，群 $\mathbb{Z}/2\mathbb{Z}$ と同型である．

$$(\{u \in \mathbb{R} : u > 0\}, \cdot)$$

の構造を考察する．$u \in \mathbb{R}$ について $u > 0$ のとき，$m \in \mathbb{Z}, n \in \mathbb{N}$ とすると $u^{m/n} \in \mathbb{R}$ だから，これを有理数 m/n によるスカラー積と見れば，$(\{u \in \mathbb{R} : u > 0\}, \cdot)$ は有理数体上のベクトル空間となる．その次元は連続体濃度である．

記 号 表

記 号	意 味	頁
$\mathbb{N}$	自然数全体の集合, $\{1, 2, \cdots\}$	25
$\mathbb{Z}$	整数全体の集合	25
$\mathbb{Q}$	有理数全体の集合	25
$\mathbb{R}$	実数全体の集合	25
$\mathbb{C}$	複素数全体の集合	27
$\neg$	でない, 否定	6, 51
$\vee$	または	6, 51
$\wedge$	かつ	6, 51
$\rightarrow$	ならば	6, 52
$\exists$	存在する	6, 52
$\forall$	すべて	6, 52
$u\begin{bmatrix}b_1 \cdots b_n \\ t_1 \cdots t_n\end{bmatrix}$	置き換え	9
$\equiv$	文字列として同じ	16
$\mathfrak{A}, \mathfrak{B}$	L-構造	21, 33
$|\mathfrak{A}|$	L-構造 $\mathfrak{A}$ の定義域	21
$P_i^{\mathfrak{A}}$	L-構造 $\mathfrak{A}$ での述語記号 P_i の解釈	21
$f_j^{\mathfrak{A}}$	L-構造 $\mathfrak{A}$ での関数記号 f_j の解釈	21
$c_k^{\mathfrak{A}}$	L-構造 $\mathfrak{A}$ での定数 c_k の解釈	21
$\models$	L-構造での成立	22
$L(\mathfrak{A})$	言語 L に $|\mathfrak{A}|$ の要素に対応する定数を付け加えた言語	22
$\vdash$	LK の式の構成要素	50
$\mathcal{F}$	フィルター	75
$\mathcal{U}$	超フィルター	78
$\Pi_{i \in I} \mathfrak{A}_i / \mathcal{U}$	超積	78
$[\mathrm{id}]$	超積の要素, 無限大の自然数	83
ω	無限大の自然数	98
$x \sim y$	x と y の差の絶対値が無限小	99
$^*\mathfrak{A}$	超積による $\mathfrak{A}$ の初等拡大	97
$\mathrm{st}(x)$	x の標準部分	98
$C_\infty X$	Asymptotic Cone	115
$^\#\mathbb{R}$	超実数のある部分集合	115
$^\#\mathbb{Z}$	超自然数のある部分集合	115

索　引

あ
Asymptotic Cone……………………115
Arkhangelski の定理…………………109

い
一様収束……………………………16, 46
一様性…………………………………16
一様連続………………………………100

う
well-defined…………………………73
Ultrafilter………………………75, 76

え
A-定義可能……………………………39
LK……………………………………50
L-構造……………………………21, 22
LJ……………………………………56

お
ω_1-飽和…………………………………85

か
可換群…………………………………26
各点収束……………………………16, 46
可算全順序構造………………………35
加法……………………………………27
　　──逆元……………………………28
Calkin Algebra………………………106
環………………………………………21
換………………………………………51
関数……………………………………21
　　──記号……………………………8
冠頭標準形……………………………43
完備距離空間…………………………116
完備性…………………………………116

き
狭義単調増加…………………………36
極小元…………………………………24
局所連結………………………………64
極大元…………………………………24
極大フィルター………………………77
距離……………………………………30
均質性…………………………………94

く
クリプケ構造…………………………57

け
形式的証明……………………………59
ケーリーグラフ………………………122
減………………………………………51
言語……………………………………8

こ
項………………………………………8
公理……………………………………50
　　──系……………………………22
コーシー列……………………………116
コンパクトアーベル群………………105

さ
最小元…………………………………24
最小の無限順序数……………………98
最大元…………………………………24
三段論法………………………………51

し
C^*-環…………………………………106
自己同型写像…………………………40
始式……………………………………54
自然対数………………………………99
射影……………………………………36

索　引

自由アーベル群 ············· 95
集合 ····················· 21, 27
終式 ······················· 54
自由変数 ···················· 9
　　──記号 ················· 6
縮積 ······················· 77
述語記号 ···················· 8
準距離 ···················· 117
順序群 ····················· 21
順序構造 ················ 21, 35
順序集合 ··················· 21
順序体 ····················· 21
乗法 ······················· 27
　　──単位元 ··············· 28
証明可能 ··················· 55
証明図 ····················· 54
初期値問題 ················ 129
初等拡大 ··················· 87
初等部分構造 ··············· 87

す
推論規則 ··················· 51
Skolem function ············ 89

せ
整列可能 ··················· 89
全射 ······················· 33
全順序 ····················· 23
全単射 ····················· 33

そ
増 ························· 51
双対定理 ·················· 105
測地距離空間 ·············· 121
束縛変数 ···················· 9
束縛変数記号 ················ 6

た
代数的構造 ················· 21
第 2 階論理 ················ 84
Tarski の定理 ·············· 91

単射 ······················· 33

ち
超準解析 ··················· 97
超積 ················ 78, 83, 97
超フィルター ··········· 75, 76
超離散化 ·················· 133
直積集合 ··················· 21
直和 ······················· 78
直観主義論理 ··············· 55

て
定義域 ····················· 21
定義可能 ··················· 39
定数記号 ···················· 8
定数係数線形差分方程式 ··· 125
定数係数線形微分方程式 ··· 125

と
同型 ······················· 33
同型写像 ··················· 34
等号公理 ··················· 73
特性方程式 ················ 125
トロピカル代数幾何 ······· 141

に
二重否定 ··················· 56

の
濃度 ······················· 88
ノルム ···················· 107
　　──環 ················· 107

は
排中律 ····················· 56
背理法 ····················· 64
半順序 ····················· 23

ひ
非可換 ····················· 28
比較不能 ··················· 36

否定命題 ……………………63
微分可能 …………………101
標準部分 …………………98

ふ
フィルター …………………75
　　超—— ……………75, 76
　　極大—— …………………77
　　Fréchet —— ……………82
部分環 ………………………87
部分群 ………………………87
部分構造 ……………………87
部分集合 ……………………21
Fréchet フィルター …………82

へ
ペアノの定理 ………………129
閉項 …………………………19
平方根 ………………………28
閉論理式 ……………………19
変数条件 ……………………52

む
無限大の自然数 ……………98
無限濃度 ……………………88
無限列 ……………………114
無向グラフ …………………29
矛盾 …………………………63
無矛盾 ………………………63

——で極大 …………………70
無理数 ………………………64

も
モデル ………………………23

ゆ
有界実数列 ………………117
有限生成群 ………………122
有限列 ………………50, 114
有向グラフ …………………29
ユニバース …………………97

り
リーマン積分可能 …………131
離散空間 …………………119
量化子 ……………………6, 32
　　——除去 …………………88

れ
Löwenheim–Skolem の定理 ……88
連結空間 …………………119
連続 …………………………99

ろ
Łoś の定理 …………………78
論理記号 ………………………6
論理式 ………………………10
　　閉—— …………………19

著者紹介

江田 勝哉（えだ　かつや）
1946年　逗子町に生まれる
1969年　早稲田大学理工学部数学科卒業
1971年　東京教育大学大学院理学研究科修士課程修了
　　　　筑波大学助手，助教授を経て（この間，つくば市在住）
現　在　早稲田大学教授
　　　　理学博士
　　　　逗子市在住

2010年5月15日　第1版発行

著者の了解により検印を省略いたします

数理論理学
使い方と考え方：
超準解析の入口まで

著　者　Ⓒ江　田　勝　哉
発行者　内　田　　　学
印刷者　山　岡　景　仁

発行所　株式会社　内田老鶴圃　〒112-0012　東京都文京区大塚3丁目34番3号
　　　　　　　　　　　電話 03(3945)6781（代）・FAX 03(3945)6782
http://www.rokakuho.co.jp
　　　　　　　　　　　　　　　印刷・製本／三美印刷 K.K.

Published by UCHIDA ROKAKUHO PUBLISHING CO., LTD.
3-34-3 Otsuka, Bunkyo-ku, Tokyo, Japan
ISBN 978-4-7536-0151-6　C3041　　U. R. No. 579-1

解析学入門
福井常孝・上村外茂男・入江昭二
宮寺　功・前原昭二・境正一郎　共著　A5・416頁・本体2800円

線型代数学入門
福井常孝・上村外茂男・入江昭二
宮寺　功・前原昭二・境正一郎　共著　A5・344頁・本体2500円

理工系のための微分積分 I・II
鈴木　武・山田義雄
柴田良弘・田中和永　共著　（I）A5・260頁・本体2800円
　　　　　　　　　　　　（II）A5・284頁・本体2800円

理工系のための微分積分 問題と解説 I・II
鈴木　武・山田義雄
柴田良弘・田中和永　共著　（I）B5・104頁・本体1600円
　　　　　　　　　　　　（II）B5・ 96頁・本体1600円

数理統計学
鈴木　武・山田作太郎　共著　A5・416頁・本体3800円

ルベーグ積分論
柴田良弘　著　A5・392頁・本体4700円

応用解析の基礎1
微分積分（上）（下）
入江昭二・垣田高夫
宮寺　功・杉山昌平　共著　（上）A5・216頁・本体1700円
　　　　　　　　　　　　（下）A5・216頁・本体1700円

応用解析の基礎2
複素関数論
入江昭二・垣田高夫　共著　A5・220頁・本体2200円

応用解析の基礎3
常微分方程式
入江昭二・垣田高夫　共著　A5・216頁・本体2300円

応用解析の基礎4
フーリエの方法
入江昭二・垣田高夫　共著　A5・124頁・本体1400円

応用解析の基礎5
ルベーグ積分入門
洲之内治男　著　A5・264頁・本体2400円

表示価格は税別の本体価格です．　　http://www.rokakuho.co.jp